儿童补脑益智食谱

陈国濠 编著

200道

辽宁科学技术出版社

沈 阳

图书在版编目（CIP）数据

儿童补脑益智食谱 200 道 / 陈国濠编著． —沈阳：
辽宁科学技术出版社，2017.8

ISBN 978-7-5591-0228-7

Ⅰ．①儿… Ⅱ．①陈… Ⅲ．①婴幼儿－保健－食谱
Ⅳ．① TS972.162

中国版本图书馆 CIP 数据核字（2017）第 091694 号

出版发行：辽宁科学技术出版社

（地址：沈阳市和平区十一纬路 25 号　邮编：110003）

印 刷 者：广州培基印刷镭射分色有限公司

经 销 者：各地新华书店

幅面尺寸：170mm×238mm

印　　张：8

字　　数：200 千字

出版时间：2017 年 8 月第 1 版

印刷时间：2017 年 8 月第 1 次印刷

责任编辑：赵淑新

文字编辑：梁晓林

责任校对：众　合

书　　号：ISBN 978-7-5591-0228-7

定　　价：29.80 元

联系电话：024—23284376

邮购热线：024—23284502

E-mail：lnkjc@126.com

http：//www.lnkj.com.cn

前言

　　做父母的都希望自己的孩子聪明伶俐，于是商家推出了形形色色的幼儿益智保健品，家长们不惜重金购买。其实，许多的日常生活中的食品才是真正益智健脑的"高手"。

　　《儿童补脑益智食谱200道》从孩子科学饮食这一主题出发，旨在通过科学饮食迅速地为大脑添加充足能量。人的智力发育是一个长期过程，要想宝宝聪明，除了进行必要的智力开发外，还要让宝宝的大脑得到足够的营养，使大脑发育良好。中医认为，大脑是元神之府，依靠脑髓填充和滋养，因此又被称为"髓海"。脑髓充足，才能神气清灵，记忆力好。如若髓海不足，记忆力就会受到影响。本书针对不同年龄儿童生理特点，系统地介绍了成长发育期儿童补脑益智食谱的制作方法和营养搭配知识，科学地解决了儿童吃什么、吃多少、怎么吃等进食的问题。

　　《儿童补脑益智食谱200道》给家长们详尽的指导，希望能为所有父母的育儿大计尽一份心力。本书主要从安神补脑、增强记忆力、缓解疲劳、改善睡眠、营养饮食等多个方面，根据宝宝的不同情况，有针对性地提供有效的饮食方案。0-6岁是孩子大脑发育迅速的时期，父母最重要的工作就是及时为孩子补充营养，通过科学饮食迅速地为大脑添加充足动力。良好的营养供给是促进大脑发育必不可少的物质基础。营养来源于食物，我们详细介绍了200道宝宝最爱的补脑益智营养餐。爱孩子的家长们，快来学学吧！

目 录

Contents

第一部分

宝宝的补脑营养餐

孩子健脑所需的营养素

孩子年龄越小，大脑的生长发育速度越快，在3岁以前，孩子智力发展是日新月异的。为孩子合理安排膳食、全面供给营养，是对大脑发育和日后智力的发展起到极其关键的作用。许多营养素与大脑的生长发育和记忆力、想象力、思维分析能力的发展关系密切，通过调节膳食、合理提供食物以补充这些营养素，有助于健脑和促进智力发展。

◆葡萄糖：葡萄糖是婴幼儿大脑发育和智力增长需要消耗相对较多的能量，足量的葡萄糖供给是必不可少的。一般富含淀粉的食物，如米（糙米）、小米、面、燕麦、玉米、薯类、豆类等，在人体代谢过程中就会产生大量的葡萄糖供机体利用。水果中亦富含葡萄糖，如柑橘、西瓜、哈密瓜等，可适当在正餐之外加以补充食用。

◆蛋白质：蛋白质是构成脑细胞和脑细胞代谢的重要营养物质，可以营养脑细胞，保持旺盛的记忆力，加强注意力和理解能力。因此，膳食中蛋白质的质和量是提高脑细胞活力和促进智力的重要保证。奶类、鱼肉、豆制品、瘦肉、蛋类都是补充蛋白质不可缺少的食物来源。

◆磷脂：磷脂在脑细胞和神经细胞中含量最多，又分脑磷脂和卵磷脂两种，具有增强大脑记忆力的功能，并与神经传递有关，关系着大脑反应的灵敏性。为了保持和促进大脑健康发育和智力拓展，膳食中应适当加入动物的脑骨髓、猪肝、鱼肉、豆制品、鸡蛋（尤其是蛋黄）和磨碎的坚果（如核桃粉、芝麻粉等）。

◆谷氨酸：谷氨酸是一种酸性的氨基酸，它能改善大脑机能，促进活力，还能消除脑代谢中的"氨"的毒性。因此，给孩子安排膳食应适当加入含谷氨酸较多的食物，如大米、黄豆制品、牛肉、乳酪和动物肝脏等。

◆磷：磷是大脑活动中必需的一种介质，它不但是组成脑磷脂、卵磷脂和胆固醇的主要成分，而且参与神经纤维的传导和细胞膜的生理活动，参与糖和脂肪的吸收与代谢。含磷丰富的食物主要有虾皮、干贝、鱼、蛋、鸡肉、牛奶及奶制品和全谷类食物等，适当食用对大脑的智力活动很有益。但应注意磷与钙宜按1：2供给，否则磷摄入过多会影响钙的吸收。

◆维生素A：维生素A可使眼球的功能活动旺盛，提高视网膜对光的感受能力，促进大脑、胃肠的发育，是维护视力和促进大脑发育必不可少的营养素，对促进脑细胞的发育有着重要作用，儿童若长期缺乏维生素A，可使智力低下，导致性发育迟缓。从食物分类来分，维生素A的主要来源：动物性食物中的动物肝、鱼肝油、鱼卵、奶和奶制品、禽蛋等；植物性食物中的菠菜、莴笋叶、芹菜叶、胡萝卜、豌豆苗、红薯、菜椒、芒果、杏、柿子等。

◆维生素 B_1 和烟酸：这两种B族维生素通过对糖代谢的作用而影响大脑对能量的需求，在大脑中帮助蛋白质的代谢，尤其可帮助提高记忆力。维生素 B_1 还可消除大脑疲劳，协助供给脑细胞营养。维生素 B_1 含量较丰富的食物有牛奶、瘦肉、动物内脏、豆类及豆制品、谷类等，而烟酸含量较多的食物有谷类、瘦肉及动物内脏等。

◆**维生素E：**维生素E有防止不饱和脂肪酸的过度氧化，避免大脑和身体陷入酸性状态的作用，可预防脑疲劳、防止大脑活动衰减。人若长期缺乏维生素E，会引起各种类型的智力障碍或情绪障碍。维生素E的主要食物来源：猕猴桃、坚果类、瘦肉、乳类、蛋类、芝麻、玉米、橄榄、莴笋、黄花菜、卷心菜等。

◆**微量元素：**婴幼儿缺乏锌、铜、锂、钴等微量元素会影响智力的发展，甚至可引起某些疾病，如大脑皮质萎缩、神经发育停滞等。其中锌、铜对促进发育、提高智力方面有重要作用。适宜孩子的含锌丰富的食物有牡蛎、鱼、肉类、肝、蛋和磨碎的花生、核桃、松子等坚果；而含铜较为丰富的食物

有动物肝、肾、肉类、豆制品和叶类蔬菜、坚果类等。

◆**其他：**许多鱼类食物中含有能使脑细胞更活跃的DHA，适当多吃鱼能让宝宝更聪明。而维生素 B_{12} 具有与DHA一样的功效，也能帮助头脑活性化。而同属B族维生素的胆碱和生物素，也可供给脑细胞营养，其中胆碱还能进入脑细胞，制造帮助记忆的物质，对健脑益智很有益。此外，充足的维生素C可使脑功能敏锐，思维敏捷；充足的钙有利于大脑保持正常工作，提升孩子的注意力和记忆力；足量的脂肪可保证大脑养分充足，健全脑功能。这些营养都要靠合理的膳食搭配来长期、均衡地供给。但是，如果膳食中蛋白质和脂肪经常偏多，反而会影响智力。因此，灵活安排孩子的食谱，适宜的蛋白质摄取，减少食物中维生素的损失，是大脑健康发育的基础。

蛋花粥

制作方法:

1. 将鸡蛋磕入碗内,用筷子搅匀;粳米淘洗干净,待用。

2. 锅置火上,倒入适量清水,放入粳米,水沸后,改用文火继续煮至米开花,将鸡蛋倒入沸粥中,稍煮片刻即成。

营养小支招:

鸡蛋有滋阴润燥、养血安神、增强免疫力、护眼明目的功效。鸡蛋与粳米煮成粥,具有补益五脏的功效。

材料: 鸡蛋1个,粳米50克。

蒸鱼肉豆腐

制作方法:

1. 先将鱼肉和葱花、麻油、盐、砂糖等调料搅匀,同时将豆腐切好,平放于盘中。

2. 豆腐烫一下,切成小丁。

3. 豆腐丁铺在碟子上,将鸡蛋黄打散淋在豆腐丁上,铺上用调料拌匀的鱼肉,撒上豌豆,隔水用大火蒸12分钟即成。

营养小支招:

鱼肉营养丰富,蒸鱼肉豆腐是一道益气健脾、益智健脑、调理身心的菜,还能治宝宝腹泻。

材料: 鸡蛋黄1个,鲜鱼肉、豆腐各50克,麻油、盐、砂糖、葱花少许。

豆腐蛋粥

制作方法：

1. 把豆腐洗净后切成小块；鸡蛋打入碗中，搅匀。
2. 锅内白粥兑入少量清水，煮开后放入豆腐丁。
3. 慢慢倒入鸡蛋液，用筷子搅动，煮至蛋熟即可。

营养小支招：

豆腐是容易吸收和消化的黄豆制品，但由于所含的蛋白质氨基酸不完整，要和谷类一起食用，才可达到营养上的完整，加上鸡蛋所含的优质蛋白质，进而帮助骨骼和脑部发育。

材料：豆腐1块，鸡蛋1个，白粥1小碗

杏仁苹果豆腐羹

制作方法：

1. 将老豆腐切成小块置水中泡一下捞起；香菇搅成蓉和豆腐煮沸，放入油、盐调味勾芡成豆腐羹。
2. 熟杏仁去衣，苹果切粒，同搅成蓉。
3. 待豆腐羹冷却，加杏仁、苹果糊拌匀即成。

营养小支招：

杏仁果肉鲜甜软糯，维生素A含量丰富，是一种高热量、高蛋白食品，对生长期的儿童特别有益。同时杏仁有祛痰止咳、平喘、润肠的作用，对感冒咳嗽的宝宝有止咳作用。苹果性温，含有丰富的维生素、碳水化合物和微量元素，是所有蔬果中营养价值最为完美的水果之一，加上质地柔嫩的豆腐，营养容易吸收。

材料：老豆腐50克，苹果30克，熟杏仁10克，香菇3粒，淀粉、盐、油各少许。

山药鸡肉粥

制作方法：

1. 将大米洗净后沥干水分；山药去皮洗净，切成小丁；鸡腿肉切成碎丁，放入沸水中汆水至变白后捞起。

2. 将大米、山药丁、鸡腿肉丁、鸡汤同入锅中，用大火煮开，加入枸杞子，转小火续煮至粥熟料软，调入食盐，再煮沸片刻即成。

营养小支招：

鸡腿肉中含有较多的铁质和骨胶原蛋白，可改善缺铁性贫血，强化血管、肌肉功能；山药所含的黏性蛋白对改善幼儿食欲不振有良好的作用；枸杞子有助于增强身体免疫力，滋肝明目，润肺补虚。

材料： 大米60克，山药100克，去骨鸡腿1只，鸡汤500毫升，枸杞子5克，食盐少许。

水果奶蛋羹

制作方法：

1. 将玉米粉与糖粉放入锅中搅匀，加入蛋黄再次搅匀；苹果洗净捣成苹果泥。

2. 将温牛奶慢慢倒入锅中，边倒边搅拌，用小火熬煮至黏稠状。

3. 最后，将橘子瓣捣烂同苹果泥一同放在奶羹上即可。

营养小支招：

苹果中的胶质和微量元素铬能保持血糖的稳定，多吃苹果可改善呼吸系统和肺功能，保护肺部免受污染。橘子富含维生素C与柠檬酸，橘子内侧薄皮含有膳食纤维及果胶，可以促进通便；牛奶中富含维生素A、B_2使皮肤白皙，有光泽，可以促进皮肤的新陈代谢。蛋黄中的卵磷脂被人体消化后可以释放出胆碱，胆碱通过血液到达大脑，增强宝宝记忆力。

材料： 鸡蛋黄50克，牛奶20克，苹果10克，橘子10克，玉米粉5克，糖粉3克。

大骨汤拌土豆泥

制作方法：

1. 将土豆去皮洗净，切成小块，放入锅内，加适量水煮至烂熟，捞出后用汤匙捣碎压磨成细泥状。

2. 把土豆泥盛入小碗内，加入火腿末、大骨汤，搅拌均匀即可。

营养小支招：

土豆是低热量、高蛋白的根茎类食物，含有较多的糖类、磷、钙、维生素 C、粗纤维，能帮助身体生成能量，对调理幼儿消化不良很有帮助。孩子刚断奶时，食物还应细、软、烂一点，以易消化、多品种和营养全面为根本，尽量适合孩子的口味。

材料： 土豆 150 克，火腿末 150 克，大骨汤适量。

海带煎蛋

制作方法：

1. 将海带洗净，挤干水分后切成小块，装碗后加入红甜椒粒、食盐、胡椒粉拌匀。

2. 将鸡蛋磕入碗中打散，加入拌好的海带块、红甜椒粒和少许食盐搅匀。

3. 炒锅中加植物油烧热，倒入拌好的海带蛋液，煎炒至熟透即可。

营养小支招：

海带是补碘的极佳食物，还富含钙，与鸡蛋入菜，可为身体补充钙，还有助于促进大脑功能，增强记忆力。

材料： 水发海带 50 克，鸡蛋 3 个，红甜椒粒 30 克，植物油适量，食盐、胡椒粉各少许。

材料：鲜鱼肉200克，豆腐100克，四季豆、葱花、酱油、食盐、姜末、花生油、香油各少许。

豆腐烧鱼丸

制作方法：

1. 将鲜鱼肉去净刺，剁成鱼泥，加食盐、姜末、香油拌匀。

2. 豆腐洗净，切成小方块，用开水烫一下；四季豆洗净，切成丁。

3. 炒锅中放入花生油烧热，爆香姜末，加入食盐、酱油和适量水煮开，将鱼肉泥挤成鱼丸下入锅内，再放入豆腐块、四季豆丁，烧至鱼丸熟透时装碗。汤里加入葱花、香油烧开，起锅后浇在鱼丸豆腐上。

营养小支招：

鱼肉做成小丸子，与豆腐、蔬菜组合，营养互补，能增进幼儿的食欲，有很好的促进大脑发育和补脑益智的作用。

材料：鲫鱼1条，干豆腐皮100克，猪瘦肉粒100克，料酒、葱白末、葱段、姜片、食盐、鸡蛋清、色拉油各适量。

腐皮包鲫鱼

制作方法：

1. 鲫鱼杀洗干净，用姜片、葱段、料酒和食盐腌渍入味，入锅蒸至八成熟；干豆腐皮泡软备用。

2. 锅烧热色拉油，爆香葱白末，放入猪瘦肉粒，加少许食盐炒香，装入鲫鱼腹中，再用豆腐皮包好鲫鱼。

3. 将豆腐皮鲫鱼抹匀鸡蛋清，下入烧热的色拉油中煎熟。

营养小支招：

豆皮、瘦肉、鲫鱼搭配，富含蛋白质、卵磷脂和多种矿物质，尤其可补充易消化吸收的钙，有助于维持骨骼和心脏的健康。还可用其他鱼来做。

肉末松仁炒玉米

制作方法：

1. 嫩玉米粒用开水烫一下后备用；松子仁用少许热植物油炒至金黄时出锅。

2. 炒锅内放植物油烧热，先下瘦肉末炒香，再加入青、红甜椒丁和玉米粒炒匀，调入食盐。

3. 就快炒熟时加入鸡蛋清、湿淀粉、葱花炒匀，最后再加入松子仁炒匀即可。

营养小支招：

以玉米和松子仁同入菜，有滋补强健、健脑增智的功效，还有助于防治孩子肥胖和便秘。

材料： 嫩玉米粒200克，松子仁40克，青、红甜椒丁各30克，瘦肉末20克，1个鸡蛋的蛋清，植物油适量，食盐、葱花、湿淀粉各少许。

鲜蔬煮双色鸡肉丸

制作方法：

1. 在鸡肉泥中加入食盐、胡椒粉、植物油和淀粉拌匀。

2. 锅内加适量清水烧至微开，取一半鸡肉泥挤成丸子，下入锅中煮熟；另一半鸡肉泥加入压碎的熟鸡蛋黄搅匀，也入锅煮熟。

3. 另起锅，倒入煮丸子的汤，加食盐烧开，再放入番茄片、生菜和双色鸡肉丸，稍煮片刻后再调入鸡汁即可。

营养小支招：

鸡蛋黄中含有丰富的卵磷脂、卵黄素及DHA等，对维护神经系统的正常有很大作用，和鸡肉做成丸子食用，能健脾暖胃、活血脉、强筋骨、补智力，亦可用撇了油的清鸡汤代替清水来煮。

材料： 鸡肉泥300克，熟蛋黄2个，番茄片80克，生菜50克，淀粉15克，食盐、鸡汁、胡椒粉、植物油各少许。

松子炒
鱼仁

材料：

松子仁50克，净鱼肉200克，1个鸡蛋的蛋清，葱末、姜末各5克，干淀粉15克，湿淀粉、香油、食盐、鲜汤、植物油各适量。

制作方法：

1. 将鱼肉切成小丁，加食盐、鸡蛋清、干淀粉抓匀上浆。
2. 炒锅内放入植物油烧热，下入鱼肉丁滑透后捞出，再放松子仁，炸香后倒入漏勺沥油。
3. 锅留底油，爆香葱末、姜末，放鲜汤、食盐炒匀烧开，用湿淀粉勾芡，放入鱼肉丁、松子仁炒匀，淋上香油出锅。

营养小支招：

松子仁中含有丰富的磷、锰及维生素 E 和铁，对大脑、神经有极佳的补益作用，能促进神经的传递功能，补充脑力，还可消除疲劳，帮助气血循环，延缓细胞老化及改善贫血。松子仁同富含优质蛋白质和矿物质成分的鱼肉组合，营养互补，健脑增智。而鱼肉脂肪中含有对神经系统具有保护作用的 Ω−3 脂肪酸，有助于补脑健脑。每周适当给幼儿吃些鱼，有助于加强神经细胞的活动，从而能促进幼儿的学习能力和提高记忆力。

奶香松仁玉米饼

材料:

松子仁 50 克,玉米粒 100 克,面粉 100 克,牛奶 100 毫升,食盐少许,花生油适量。

制作方法:

1. 将松子仁和玉米粒分别洗净,沥干。

2. 面粉加适量水和牛奶调成糊状,放入玉米粒、松子仁、食盐搅拌均匀。

3. 平底锅内放入花生油烧热,用勺子舀适量调好的松子仁玉米粒面糊倒入锅中,摊成小圆饼,稍煎后翻面,待两面煎至金黄、熟透即可。

营养小支招:

玉米是粗粮中的保健佳品,能调中开胃、增进食欲,其含有较多淀粉、蛋白质、卵磷脂、膳食纤维、多种维生素和镁、磷、硒等人体必需的微量元素,可促进新陈代谢,调节神经系统功能,细嫩皮肤,防止便秘。玉米中丰富的镁是一种保护神经的重要营养物质,幼儿缺乏时就会出现紧张、烦躁、易怒、忧虑、冲动等情绪,所以增加含镁丰富的食物有利于大脑和心肺功能。镁含量以坚果、绿色蔬菜、黄豆、玉米等食物含量较高。

材料： 金针菇 200 克，黄瓜丝 50 克，姜丝、
食盐、鸡汁、白醋、香油各适量。

金针菇拌黄瓜

制作方法：

1. 金针菇去根、洗净，下入开水锅中焯透。

2. 将金针菇盛盘，加入黄瓜丝、姜丝、食盐、鸡汁、
白醋、香油，拌匀即可。

营养小支招：

金针菇被称为"增智菇"，人体必需氨基酸含量
齐全，其中赖氨酸和精氨酸尤其丰富，且含锌量
较高，对增强智力尤其是对儿童智力发育和补脑
健脑有良好作用。金针菇还能有效增强机体生物
活性和新陈代谢，有利于各种食物营养的吸收。

材料： 干香菇 25 克，干黄花菜 20 克，去
皮杏仁 50 克，豌豆 30 克，植物油、
高汤各适量，湿淀粉、食盐、白砂
糖、酱油各少许。

香菇炖杏仁

制作方法：

1. 干香菇和干黄花菜用清水泡发洗净，香菇切成
片，和黄花菜一起焯水后沥干。

2. 杏仁洗净，用热植物油略炸；豌豆焯水后沥干。

3. 锅内下入植物油烧热，放入全部处理过的原料
炒匀，加入食盐、白砂糖、酱油、高汤炒匀，并
旺火烧开，转小火慢炖 10 分钟，用湿淀粉勾薄
芡即可。

营养小支招：

干香菇富含维生素 D，可促进钙的吸收，健脑功
效突出；黄花菜有助于健脑抗衰、安神健胃；杏
仁可润肺养颜、止咳祛痰、润肠通便、补充脑力。
此菜对增强免疫力、促进大脑的发育很有益。一
般菇类都有调节神经、益智安神、补益体弱的作用。

松仁烧香菇

制作方法：

1. 香菇泡洗干净，切成大块，用开水焯透，捞出沥干。

2. 炒锅中放入植物油烧热，放入香菇块炒匀，加入油炸松子仁、高汤和所有调料，炒匀后烧入味，用湿淀粉勾芡，再淋上香油即可。

营养小支招：

香菇高蛋白、多糖，含有多种氨基酸和维生素，可促进智力发育和健脑。松子仁除健脑的功效突出外，还可补骨和血、润肠通便。

材料： 香菇200克，油炸松子仁50克，料酒5毫升，香油5毫升，湿淀粉10克，食盐、酱油、姜汁各少许，植物油、高汤各适量。

乳酪西蓝花

制作方法：

1. 西蓝花切成小朵，泡洗干净，下入盐开水中焯一下。

2. 炒锅中倒入花生油烧热，爆香蒜末，放入西蓝花和香菇片炒至九成熟，加入乳酪拌炒均匀，调入食盐即可。

营养小支招：

西蓝花和香菇中各类营养素全面，而乳酪则保留了牛奶中营养的精华部分。三者搭配可补益五脏，补充脑力，养肝明目，增进人体抗病能力。

材料： 西蓝花300克，香菇片50克，乳酪20克，蒜末、食盐各少许，花生油适量。

蒜香鱼蓉蒸豆腐

制作方法：

1. 净鱼腩肉剁成蓉，加入鸡汁、食盐、胡椒粉、香油拌匀。

2. 老豆腐切成8块，中间挖孔，沾上少许淀粉，嵌入鱼蓉后装盘。

3. 锅烧热植物油，下蒜蓉、食盐和少许水炒成蒜蓉汁，浇在鱼蓉豆腐上，上笼蒸熟，撒上葱花，再浇上少许热油。

营养小支招：

豆类制品和鱼肉都有补脑养脑的功效，能及时补充大脑的营养，提高脑神经的活性。当孩子体弱、记忆力下降时，用豆腐搭配鱼肉或瘦肉食用会有改善。

材料： 净鱼腩肉150克，老豆腐200克，蒜蓉15克，植物油20克，鸡汁、食盐、葱花、香油、胡椒粉、淀粉各少许。

蛋皮三丝

制作方法：

1. 鸡蛋的蛋白和蛋黄分别装碗，都加食盐和湿淀粉打匀，用热花生油煎成白、黄两张蛋皮，待凉后切成丝。

2. 丝瓜刮皮去瓤，洗净过后切成丝，焯透；黄豆芽择洗后和胡萝卜丝都入开水锅焯透后捞起。

3. 把蛋白丝、蛋黄丝和丝瓜丝、黄豆芽、胡萝卜丝混合装盘，加入用酱油、醋、香油、鸡汁调成的味汁和熟松子仁，拌匀即可。

营养小支招：

松子中的磷、锰、锌、钙的含量丰富，对大脑和神经有补益作用，是孩子的健脑佳品。与鸡蛋和多种蔬菜搭配，使营养摄取更为均衡。

材料： 鸡蛋2个，丝瓜1/2条，黄豆芽50克，胡萝卜丝50克，湿淀粉30克，食盐、酱油、醋、香油、熟松子仁、鸡汁、花生油各适量。

金针黄花瘦肉汤

制作方法：

1. 将金针菇去根洗净；瘦肉丝加酱油、淀粉拌匀，腌渍入味。

2. 锅内烧开水，下入瘦肉丝煮至半熟时捞出。

3. 另起锅烧热花生油，爆香姜丝，放入金针菇、黄花菜炒匀，加入高汤烧沸，再放入瘦肉丝、小白菜段，煮至熟透时加食盐调味即可。

营养小支招：

黄花菜、金针菇都含钙丰富，搭配瘦肉，有健脑、明目、强健骨骼的功效。

材料： 猪瘦肉丝100克，水发黄花菜、金针菇各50克，小白菜段30克，姜丝、淀粉、酱油、食盐、花生油各少许，高汤适量。

柠汁鱼球

制作方法：

1. 将柠檬切片后挤汁，柠檬片留用；鲮鱼肉剁成泥，加料酒、食盐、柠檬汁拌匀，再加入鸡蛋清、淀粉拌匀。

2. 取蒸盘抹上植物油，用挖球器将鱼泥挖成球，盛盘，蒸20分钟。

3. 锅中烧热少许植物油，加入米醋、姜汁、柠檬片、食盐、白砂糖和少许水烧沸，用湿淀粉勾芡，取汁浇在鱼肉丸上即可。

营养小支招：

此菜酸甜可口，嫩滑鲜美。鲮鱼肉细嫩鲜美，富含蛋白质、维生素A、钙、镁、硒等营养素，有益气血、健筋骨，改善脾胃虚弱之效。柠檬气味芳香，能增鲜提味，使口感更加细嫩鲜美。

材料： 净鲮鱼肉300克，鸡蛋清1个，柠檬30克，植物油15毫升，料酒、米醋、食盐、淀粉、湿淀粉、白砂糖、姜汁各适量。

麻香核桃豆腐

制作方法：

1. 核桃仁切成碎丁；黑芝麻、白芝麻分别用净锅炒熟；豆腐切成厚片；鸡蛋加食盐打匀。

2. 豆腐片裹匀鸡蛋糊，沾上黑芝麻、白芝麻、碎核桃仁，逐片下入五成热的花生油锅中煎黄后盛盘。

3. 高汤入锅烧开，加湿淀粉搅匀后浇在煎好的豆腐上，撒上火腿末，再上锅蒸透，摆上黄瓜片即可。

营养小支招：

核桃和芝麻都是极佳的健脑增智的食物，两者和豆腐组合，对促进脑力、消除疲劳、增强记忆力很有助益。

材料：豆腐300克，白芝麻20克，黑芝麻10克，核桃仁25克，鸡蛋1个，火腿末20克，黄瓜片30克，花生油、食盐、湿淀粉、高汤各适量。

花生鱼头煲

制作方法：

1. 鲜鱼头去鳃，洗净切块；花生仁用清水浸泡后洗净。

2. 锅中烧热植物油，下入鲜鱼头块煎至微黄。

3. 沙锅中加入适量水烧滚，把姜片、鱼头块、花生仁放入锅中，以文火炖至花生、鱼头熟透，加食盐调味即可。

营养小支招：

鱼头中富含磷脂类及可改善记忆力的脑垂体后叶素，脑髓含量很高，可益智商、抗衰老。本菜用大头鱼的鱼头较好，常食可增智力、助记忆、补身体，尤适宜儿童和身体虚弱者。

材料：鲜鱼头1个，花生仁50克，姜片、植物油、食盐各适量。

蛋炒牡蛎肉

制作方法：

1. 牡蛎肉洗净，用食盐、淀粉拌匀后略腌一下；鸡蛋磕入碗内搅散。

2. 锅中放入花生油烧热，倒入牡蛎肉，加姜末翻炒至八成熟，倒入鸡蛋液快速炒熟，再加入葱花和食盐即可。

营养小支招：

牡蛎所含的蛋白质中有多种优良的氨基酸，还富含各种微量元素和糖元，对生长发育、防贫血和增进智力都很有好处。用牡蛎和鸡蛋组合入菜，非常利于消除脑疲劳，健脑益智。

材料： 牡蛎肉60克，鸡蛋2个，花生油适量，食盐、姜末、葱花、淀粉各少许。

肉末炸鹌鹑蛋

制作方法：

1. 猪肉泥中加入淀粉、食盐、酱油拌匀入味；将鹌鹑蛋放入开水锅中煮熟，捞出去壳。

2. 将鹌鹑蛋裹匀猪肉泥，下入烧热的花生油锅中炸熟即可。

营养小支招：

此菜适合给孩子补脑安神时食用。鹌鹑蛋富含蛋白质、脑磷脂、卵磷脂、维生素 A、维生素 B_1、维生素 B_2 及铁、磷、钙、锌等营养物质，补气益血、健脑益智的作用突出。

材料： 猪肉泥100克，鹌鹑蛋6个，淀粉、花生油各适量，食盐、酱油各少许。

松鼠鲈鱼

材料：

鲈鱼 1 大条，松子仁、虾仁各 30 克，香菇丁、豌豆各 15 克，番茄酱 20 克，湿淀粉 25 克，白砂糖、料酒、葱姜汁、醋、胡椒粉、食盐、生粉、植物油各适量。

制作方法：

1. 将鲈鱼杀洗干净，鱼头切下待用，再从背脊两侧顺着龙骨下刀，到鱼尾 3 厘米左右处，剔掉鱼骨，鱼肉成两片，鱼尾连着，在鱼肉上剞上花刀，然后放食盐、胡椒粉、料酒、葱姜汁腌渍 20 分钟。

2. 松子仁用热植物油炸熟；虾仁切丁，和豌豆、香菇丁一起都用开水汆一下。

3. 锅内烧热植物油，把腌好的鲈鱼拍匀生粉，鱼头也拍满粉，分别下入热油中炸至淡黄色时捞出，油温升高后再复炸至熟后摆盘成松鼠形，撒上松子仁。

4. 另取锅烧热油，下入虾仁丁、豌豆、香菇丁炒熟，烹入用湿淀粉、番茄酱、白砂糖、醋、料酒、食盐和少许水调制的芡汁炒匀，浇在鱼身上即成。

营养小支招：

鲈鱼营养全面，有补脑力、养气血、补肝肾、益脾胃的功效，适量常吃有助于维持神经系统的正常功能，促进大脑发育。

鲜汤鲑鱼面

材料:

鲑鱼肉 50 克，面条 30 克，鲜鱼高汤 200 毫升，食盐少许。

制作方法:

1. 将鲑鱼肉洗净，下入滚水锅中煮一下，取出后切成小片；面条用剪刀剪成约 1.5 厘米长的小段。
2. 鲜鱼高汤倒入锅中加热，将面条段放入滤网中，用开水冲洗一下后放入锅中，煮至面条成熟。
3. 放入鲑鱼肉片煮沸，加入一点儿食盐调味即可。

营养小支招:

鲑鱼具有很高的营养价值，含有丰富的不饱和脂肪酸，对维护心血管的健康有很大的帮助。所含的 ω-3 脂肪酸更是脑部、视网膜及神经系统发育必不可少的物质，可促进大脑发育和增强脑功能。烹煮时切勿把鲑鱼肉煮得过烂，九成熟即可，保持鲜嫩口味。要特别注意的是，给宝宝添加、喂食各类鱼肉时，要仔细将鱼刺清除干净。

香菇蒸鹌鹑

制作方法：

1. 鹌鹑杀洗干净后切成块；红枣去核后切成片；枸杞子泡洗一下。

2. 将鹌鹑块装碗，加入香菇片、红枣片、枸杞子、姜片、葱段，调入食盐、绍酒、淀粉拌匀后摆入蒸盘，入蒸锅隔水蒸熟，再淋上烧热的花生油即可。

营养小支招：

此菜颇具补益功效，除可补脑外，还能补血明目、健脾胃。鹌鹑肉对营养不良、体弱乏力的调理很有作用，所含丰富的卵磷脂更是高级神经活动不可缺少的营养物质，健脑作用极佳。

材料： 鹌鹑2只，香菇片150克，红枣3颗，枸杞子、姜片、葱段、淀粉、花生油、食盐、绍酒各适量。

花生米鸡丁

制作方法：

1. 花生仁洗净入锅，加适量水，放入八角、食盐烧开，点入少许冷水，用中火煮熟，捞取花生仁。

2. 鸡肉丁用食盐、料酒、淀粉拌匀上浆。

3. 炒锅中放入花生油烧热，下入鸡肉丁翻炒片刻，加入葱末、姜末炒匀，再加入黄瓜丁和花生仁，调入食盐、鸡汁炒匀即可。

营养小支招：

花生所含的营养能增强脑功能和记忆力，抗衰老，和鸡肉荤素搭配，能强身健体、健脑增智。

材料： 鸡肉丁150克，花生仁、黄瓜丁各100克，花生油、八角、淀粉、食盐、鸡汁、姜末、葱末、料酒各适量。

松仁鸡米

制作方法：

1. 将鸡胸脯肉、红甜椒均切成松子仁大小的丁；鸡蛋清加淀粉调成蛋清糊；鸡胸脯肉丁加食盐、料酒、蛋清糊浆好；用食盐、葱末、姜末、上汤、淀粉调成芡汁。

2. 锅内放花生油烧至四成热，下入鸡胸脯肉丁和松子仁，过油后倒出滤油。

3. 锅内留少许油，下红甜椒丁炒香，倒入鸡胸脯肉丁和松子仁，加入芡汁炒匀即成。

营养小支招：

鸡肉鲜嫩、松仁脆香。对大脑和神经极为补益，有助于生长发育，补充脑力。

材料： 鸡胸脯肉 200 克，松子仁 50 克，红甜椒 50 克，1 个蛋清，花生油、料酒、上汤各适量，食盐 5 克，葱末 15 克，姜末 15 克，淀粉 20 克。

番茄烧鸡块

制作方法：

1. 锅中放入调和油烧热，炒匀番茄酱，加入鸡肉块、料酒、胡椒粉炒至香味浓郁。

2. 加入洋葱片、柿子椒片、番茄块和少许水炒匀，调入食盐烧至熟透即可。

营养小支招：

番茄有很好的抗氧化作用，能促进消化、防治心血管疾病；鸡肉蛋白质含量高，富含对人体生长发育有重要作用的磷脂类，搭配含维生素丰富的洋葱等蔬菜，对补充脑力、改善营养不良很有帮助。

材料： 番茄块 150 克，鸡肉块 250 克，洋葱片、柿子椒片各 50 克，番茄酱 20 克，食盐、胡椒粉、调和油、料酒各适量。

四鲜蛋羹

制作方法：

1. 银耳、木耳用水泡发，择洗干净，撕成小朵；鹌鹑蛋煮熟，过凉开水后去壳。

2. 锅置火上，放入适量清水，加入何首乌汁、桂圆肉、银耳、木耳、香菇片煮片刻，再放入鹌鹑蛋，用湿淀粉勾芡后再稍煮即成。盛碗后放入白砂糖搅匀。

营养小支招：

本羹中各类食材都有良好的养血补脑作用。何首乌煮汁能增强免疫功能，还有强壮神经、健脑益智的作用。鹌鹑蛋和菌类搭配，富含钙、铁、磷、卵磷脂、脑磷脂等全面的营养，补脑健脑、调理虚弱的作用十分突出，对儿童发展智力、加强体质有益。

材料：鹌鹑蛋8个，何首乌汁30毫升，银耳10克，木耳10克，香菇片20克，桂圆肉20克，湿淀粉、白砂糖各适量。

鹌鹑蛋糯米丸子

制作方法：

1. 两种糯米分别用水泡12小时以上，用时将水控净；鹌鹑蛋煮熟，去皮备用。

2. 肉馅中加入洋葱碎、生姜末、五香粉、盐及少许的糖，加入少许鸡蛋液搅拌均匀。

3. 加少许淀粉，用手抓均匀。

4. 鹌鹑蛋先沾些鸡蛋液，外裹一层肉馅，再放入泡好的白糯米或黑糯米里滚一下，用手捏紧裹匀。

5. 用蒸锅在大火上蒸15分钟。

营养小支招：

鹌鹑蛋含蛋白质、脑磷脂、卵磷脂、赖氨酸、胱氨酸、维生素A、维生素B_2、维生素B_1、维生素D、铁、磷、钙等营养物质。加上外面一层软软的糯米，吃起来味道鲜美，营养丰富。

材料：鹌鹑蛋16个，白糯米、黑糯米各200克，猪肉馅、洋葱碎、生姜末、五香粉、盐、糖、鸡蛋液、淀粉各适量。

三鲜炒鸡

制作方法：

1. 将山药条、莴笋条、胡萝卜条下入开水锅内煮至七成熟，捞出沥干；鸡肉条用少许食盐拌匀。

2. 炒锅中放入花生油烧热，下姜丝、鸡肉条快炒至将熟，加入山药条、莴笋条、胡萝卜条炒匀，调入食盐炒入味即可。

营养小支招：

吃莴笋可刺激消化酶分泌，增进食欲，还对调节神经系统功能、促进骨骼和牙齿健康有益。本菜由多种食物科学搭配，能增体力、强身体。

材料：山药条、莴笋条、胡萝卜条、鸡肉条各50克，姜丝、食盐、花生油各少许。

猕猴桃炒虾球

制作方法：

1. 将鲜虾仁挑去泥肠，洗净；鸡蛋磕入碗中打散，加入虾仁和少许食盐、湿淀粉搅拌上浆；猕猴桃剥皮，切成大丁；胡萝卜削皮洗净，切成大丁。

2. 炒锅置火上，倒入花生油烧至四成热，放入虾仁滑油至卷起时捞起。

3. 锅中留少许油，放入胡萝卜丁翻炒片刻，再加入虾仁、猕猴桃丁炒香，调入食盐炒匀即可。

营养小支招：

猕猴桃的维生素含量非常高，还含有可溶性膳食纤维，对增加机体免疫力、促进心脏健康和帮助消化很有益。同时猕猴桃还有稳定情绪的作用，把其巧妙搭配在菜肴中，可增加孩子的进食兴趣，改善食欲不振，还能提高钙、铁、锌等各种矿物质的摄取和吸收。

材料：鲜虾仁150克，鸡蛋1个，猕猴桃100克，胡萝卜50克，食盐、湿淀粉各少许，花生油适量。

三椒炒兔肉丝

制作方法:

1. 锅中放入植物油烧热,下入兔肉丝过油后捞出,再下入三色圆椒丝过一下油后马上出锅。

2. 炒锅中下植物油烧热,煸香姜丝、葱丝,加入兔肉丝、三色圆椒丝炒匀,调入食盐、鸡精炒熟即可。

营养小支招:

兔肉中的蛋白质丰富,富含人体必需的 8 种氨基酸,所含的丰富卵磷脂是大脑神经不可缺少的营养物质,健脑益智的作用很突出。

材料: 兔肉丝 200 克,红、黄、绿三色圆椒丝各 150 克,葱丝 20 克,姜丝 10 克,食盐、鸡精、植物油各适量。

银芽鳝丝

制作方法:

1. 鳝鱼杀洗后切成段,顺长切成丝,用鸡蛋清、湿淀粉、食盐拌匀;把料酒、酱油、胡椒粉、食盐和湿淀粉调成味汁。

2. 锅烧植物油至六成热,下入鳝鱼丝拨散滑透后倒出。

3. 原锅留底油,下葱末、姜末、蒜末爆香,放入绿豆芽略炒,加入鳝鱼丝、味汁炒熟即可。

营养小支招:

鳝鱼富含的 DHA 和卵磷脂是脑细胞不可缺少的营养成分,它还含较多维生素 A,能增进视力。加入绿豆芽,加强了补脑增智、健身强体的作用。

材料: 鳝鱼 300 克,净绿豆芽 150 克,鸡蛋清 1 个,食盐、胡椒粉、酱油、湿淀粉各少许,葱末、姜末、蒜末各 10 克,植物油适量。

百合炒鱼片

制作方法：

1. 百合掰成瓣，泡洗干净；鲷鱼肉切成片，加食盐、料酒腌渍10分钟，再加淀粉拌匀。
2. 炒锅内烧热色拉油，爆香葱末、姜末，再加少许水煮开，加入百合、甜椒片、鲷鱼肉片以大火炒匀，再加入料酒、食盐、胡椒粉、香油炒熟即可。

营养小支招：

百合营养滋补，有养心安神、润肺止咳的功效；鲷鱼肉易消化，可补脾养胃、强身健脑。儿童常吃些鱼肉，能很好地健脑、抗疲劳。

材料： 鲷鱼肉200克，百合100克，甜椒片100克，葱末、姜末、香油、料酒、淀粉、食盐、色拉油各适量。

青豆炒鲑鱼

制作方法：

1. 鲑鱼肉洗净，切成丁；青豆洗净，用温水泡10分钟。
2. 锅中倒入水烧沸，下入青豆煮熟后捞出。
3. 炒锅放植物油烧热，放入鲑鱼肉丁炒匀，加入青豆，调入食盐炒至鱼丁刚熟即起锅。

营养小支招：

鲑鱼肉很适合儿童食用，含有丰富的钙、磷及不饱和脂肪酸，所含的 Ω-3 脂肪酸更是脑部、视网膜及神经系统所必不可少的物质。儿童常食鲑鱼肉有强健骨骼、增强脑功能和保护视力的功效。

材料： 鲑鱼肉200克，青豆100克，植物油适量，食盐少许。

清蒸鸡泥豆腐

材料：

豆腐100克，鸡胸肉25克，洋葱末10克，豌豆20克，鸡蛋1个，香油、淀粉各5克，食盐少许。

制作方法：

1. 豆腐洗净，入锅加水煮片刻，沥去水分，研磨成豆腐泥，摊入抹过香油的蒸盘内。

2. 将豌豆加清水煮至熟软，捞出后研磨成泥。

3. 鸡胸肉剁成细泥，放入碗内，加入洋葱末、鸡蛋、食盐和淀粉，调拌均匀至有黏性，摊在豆腐泥上，再放上豌豆泥，放入开水蒸锅内蒸熟即可。

营养小支招：

植物蛋白质与动物蛋白质相互补充，对儿童生长发育能起到很好的作用，可强壮身体，健脑益智，提高抵抗力。此道食谱尤其适合马上就要断奶婴儿，合理的饮食和营养的衔接对宝宝的健康发育至关重要。妈妈还可灵活掌握不同蔬菜、肉类食物品种的搭配。

可口猕猴桃煎蛋饼

材料：

猕猴桃果肉 30 克，鸡蛋 1 个，牛奶 15 毫升，奶油、白砂糖、植物油各少许。

制作方法：

1. 将猕猴桃切成小丁，加入奶油、白砂糖拌匀；鸡蛋打入碗内，加牛奶搅匀。

2. 平底锅倒入植物油滑匀锅面并烧热，倒入鸡蛋液，转动锅身，使蛋饼薄厚均匀，待凝固时倒入猕猴桃丁，将蛋饼对折成半圆，猕猴桃丁包入其中，继续煎至两面金黄，熟透时出锅。

营养小支招：

这款辅食食物的设计搭配新颖，口味好，能引起宝宝的食欲。作为儿童的食物，常食不但能补充足量营养，有利于大脑和智力的发育，而且有助于消化，可防止便秘。猕猴桃中维生素 C 含量很高，宝宝情绪低落时，吃些猕猴桃有很好的调节作用。

虾仁双笋

制作方法：

1. 虾仁去泥肠，洗净，入碗加湿淀粉和少许食盐拌匀；芦笋段、玉米笋段分别焯水后沥干。

2. 炒锅内放植物油烧热，放入虾仁滑炒片刻后出锅。

3. 原锅内再下花生油，放入红椒片、芦笋段炒匀，加入玉米笋段翻炒，再放入虾仁、食盐，炒匀即可。

营养小支招：

玉米笋、芦笋能增食欲、助消化、除疲劳，此菜对调节神经功能和促进脑力很有帮助。

材料： 虾仁 150 克，芦笋段、玉米笋段各 100 克，红椒片 30 克，湿淀粉、食盐、植物油各适量。

圣女果炒鲜贝

制作方法：

1. 圣女果洗净，每个切两半；鲜贝洗净，切小块。

2. 炒锅中放入花生油烧至四成热，放入鲜贝块及圣女果滑油至将熟时捞出。

3. 锅中留少许底油，爆香葱段，再下入鲜贝块、圣女果、食盐、高汤炒匀，用湿淀粉勾芡即可。

营养小支招：

鲜贝有利于降低血清胆固醇，食之让人感觉清爽。儿童适当食用贝类，可健脑养脑，有益于保持良好的状态。圣女果中各类维生素丰富，可促进红细胞的生成，提高抗病能力。

材料： 鲜贝 200 克，圣女果 150 克，葱段 15 克，食盐、高汤、湿淀粉、花生油各适量。

鲜鱼蒸蛋羹

制作方法:

1. 新鲜鱼肉洗净,仔细检查无碎骨之后切成小丁,用开水氽一下后沥干。
2. 鸡蛋打入碗中,搅散,加少许水搅匀,再放食盐、植物油搅匀,将鱼肉丁放入蛋液中。
3. 把调好的鱼丁鸡蛋放入蒸锅,蒸至嫩熟,出锅待稍凉给宝宝吃。

营养小支招:

鱼肉含有丰富的营养成分,细嫩而不腻,开胃滋补,对身体瘦弱、食欲不佳的孩子十分适宜。鲑鱼、鳕鱼、鳜鱼、黄鱼、草鱼都很适宜制作宝宝的辅食。鲑鱼有助于增强大脑功能,保护视力,促进生长发育;草鱼、鳜鱼则含有丰富的不饱和脂肪酸,滋补强体;鳜鱼营养全面,有安神益气、健脾开胃的作用。

材料: 鲜鱼肉(鲑鱼、鳕鱼、鳜鱼、黄鱼或草鱼)50克,鸡蛋1个,植物油、食盐各少许。

米汤鱼泥

制作方法:

1. 将收拾干净的鱼放入开水中,煮至熟透后剥去鱼皮,除净鱼骨刺,取约60克鱼肉研磨碎,然后用干净的布包起来,挤去水分。
2. 将鱼肉放入小锅内,加入热米汤调匀,用小火煮至鱼肉软烂如泥时即可。

营养小支招:

鱼泥富含蛋白质、不饱和脂肪酸及维生素、矿物质,而且细嫩易于消化,能促进发育,提高免疫力。6~7个月的宝宝即可酌量添加喂食,给满8个月的宝宝做时可酌情加一点食盐或儿童酱油调味。没有米汤时可加开水或煮鱼的汤来煮鱼泥。也可把鱼泥加入米粥中一起喂给宝宝,每间隔3~4天喂一次。可选黄鱼、鳕鱼或鳜鱼等,这些都是刺少、易消化且营养极为丰富的鱼种。

材料: 新鲜净鱼肉60克,热米汤30毫升(2大匙)。

四鲜菜煎蛋卷

制作方法：

1. 去皮胡萝卜和四季豆下入开水锅焯至将熟时捞起，切碎；干香菇泡软洗净，和去皮黄瓜分别切碎。
2. 鸡蛋打入料理盆中，调入食盐、高汤和切碎的所有蔬菜拌匀。
3. 平底锅倒入植物油烧热，均匀倒入拌好的蔬菜蛋液，在半熟时从一端卷起制成蛋卷，煎至熟透铲出，切成大小适宜宝宝食用的小段即可。

营养小支招：

鸡蛋中几乎含有人体所需的所有营养，配以多种营养丰富的蔬菜，极具补益营养功效，能健脑益智，促进脑部发育，增强抵抗力，是即将断奶和刚断奶的宝宝的理想营养美食。

材料： 鸡蛋2个，去皮胡萝卜、去皮黄瓜、四季豆各15克，干香菇1朵，食盐、高汤、植物油各少许。

鸡蛋三鲜炖豆腐

制作方法：

1. 将豆腐压磨成豆腐泥，放入蒸碗，拌入打散的鸡蛋，调入少许食盐拌匀。
2. 豌豆煮熟，去除外皮后研磨成泥，铺在豆腐泥四周，入锅蒸熟。
3. 苋菜洗净切碎；虾仁洗净，沥干，切成碎丁，用少许食盐、淀粉拌匀后略腌。
4. 将肉汤和淀粉拌和，倒入锅内烧开，放入碎虾仁煮熟，再加入苋菜末，烧至汤汁黏稠时，出锅浇在蒸好的鸡蛋豆腐上即可。

营养小支招：

多种食物搭配，使营养更丰富，味道更鲜美，对于即将断奶的宝宝来说，适合口味、利于消化，又有助于断奶后所需各种营养的补充，特别是有助于大脑、骨骼、内脏器官及牙齿的健康发育。

材料： 去除边皮的豆腐100克，鸡蛋1个，豌豆20克，虾仁25克，苋菜15克，肉汤、食盐、淀粉各少许。

木耳鸡肉饺

制作方法：

1. 将鸡胸肉剁成末；水发黑木耳洗净后剁碎。
2. 鸡胸肉末中加入葱末、姜末、食盐、花生油、香油和剁碎的黑木耳，搅拌均匀，制成馅料。
3. 在饺子皮中放入馅料，包成饺子，下入开水锅中煮熟即可。

营养小支招：

鸡胸肉中含有较多蛋白质、B 族维生素和对生长发育有重要作用的磷脂类，消化率高，有增强体力的作用，对营养不良、乏力疲劳、贫血虚弱等症状有很好的改善作用。黑木耳含铁量很高，比动物性食品中含铁量最高的猪肝高出约 7 倍，是天然补血佳品，其含有的磷脂成分能营养脑细胞和神经细胞，给幼儿适当吃点黑木耳，可滋补养血，补脑健脑，令肌肤红润、精神焕发，有益于健康发育。

材料：鸡胸肉250克，水发黑木耳30克，食盐、葱末、姜末、花生油、香油各少许，饺子皮300克。

五鲜酿香菇

制作方法：

1. 剥壳取虾仁，挑去虾的泥肠。干香菇泡发，剪去根部。火腿、荸荠切细备用。
2. 将虾仁与肉末、火腿末、荸荠末混合，加盐、蛋清、料酒、糖葱姜末拌匀。
3. 肉馅填入香菇中，放在蒸锅里。
4. 大火烧开，转中火蒸七分钟。
5. 倒出盘里的汤汁，加湿淀粉勾芡，淋在菜上即可。

营养小支招：

香菇，又称冬菇、香蕈等，素有"菇中之王"的美誉。香菇是一种高蛋白、低脂肪的保健食品，富含多糖、多种酶、多种氨基酸、多种维生素，加入五种营养丰富的食物，具有滋补强壮、消食化痰、清神降压、滋润皮肤的作用。

材料：干香菇6个，虾100克，肉末100克，火腿80克，蛋清1个，荸荠2个，盐、湿淀粉、糖、葱姜末、料酒各适量。

材料：鲜豌豆 100 克，熟核桃仁 20 克，葡萄干 15 克，湿淀粉、白砂糖各少许。

甜甜核桃豌豆泥

制作方法：

1. 将鲜豌豆洗净，放入烧开水的锅中煮至熟软，捞出研磨成泥。

2. 锅里放少许水和白砂糖，放入豌豆泥煮开，用湿淀粉勾芡，待煮成泥糊状时盛入碗中。

3. 核桃仁泡一下开水，去膜，捣成泥状，葡萄干切成碎末，将两者撒在豌豆泥上，拌匀即可。

营养小支招：

核桃仁含有较多的蛋白质、维生素 E 及人体必需的不饱和脂肪酸，能滋养脑细胞，增强脑功能；豌豆中富含人体所需的各种营养物质，对提高宝宝的抗病能力很有助益，其中的膳食纤维能促进肠胃蠕动，有通便洁肠的功效。

材料：生鸡蛋黄 2 个，嫩菠菜 15 克，胡萝卜丁 10 克，高汤少许。

双蔬蒸蛋

制作方法：

1. 将鸡蛋黄打散，与高汤混合、调匀，放入蒸笼中，用中火蒸 3 分钟。

2. 嫩菠菜和胡萝卜丁分别下入沸水锅中焯透，剁制或研磨成碎末，置于蛋黄上，继续蒸至蛋黄嫩熟即可。

营养小支招：

以蛋黄和新鲜蔬菜组合，对 7 个月以上的宝宝很适宜。妈妈可以不时调换蔬菜的搭配以丰富宝宝的口味。蛋黄中含有丰富的钙、锌、磷、铁等矿物质和高生物价蛋白质及 B 族维生素，所含的卵磷脂对神经系统和身体发育有很大帮助。胡萝卜中丰富的胡萝卜素能益肝明目，是骨骼正常生长发育的必需物质。菠菜中含各种维生素较多，有助于营养的均衡摄取。

米汤豆腐泥

制作方法:

1. 将嫩豆腐切成块,放入小锅中,加入可盖过豆腐的水,煮熟后捞起,沥干水分。

2. 将豆腐块放入碗中,用汤匙压成泥状,再加入适量米汤,拌匀即成。可在喂宝宝时调入少许白砂糖或食盐。

营养小支招:

豆腐的蛋白质含量丰富且优质,不仅含有人体必需的8种氨基酸,而且比例也接近人体需要,十分适宜发育中的婴儿,其所含的丰富的大豆卵磷脂还有益于神经、血管、大脑的发育生长。这款辅食适合7个月以上的婴儿。也可以用鸡汤、排骨汤或鱼汤来煮豆腐。

材料: 嫩豆腐100克,米汤、白砂糖、食盐各适量。

鸡丝烩白菜

制作方法:

1. 嫩白菜先切段,再切成丝;鸡肉丝用鸡蛋清、食盐、干淀粉、料酒拌匀,腌渍入味。

2. 锅中放入花生油烧热,下入鸡肉丝滑油后盛出。

3. 原锅留底油,投入白菜丝炒至七成熟,加食盐调味,下入鸡肉丝翻匀,撒上葱丝即可。

营养小支招:

吃鸡肉可健脑,促进智力发展;白菜可净化血液,帮助新陈代谢。此菜对营养不良、大脑疲劳有良好改善作用。

材料: 鸡肉丝100克,嫩白菜150克,鸡蛋清1个,食盐、葱丝、料酒、干淀粉、花生油各适量。

鲜虾鸡蓉
玉米浓汤

材料：

鲜虾仁8个，嫩玉米粒60克，鸡肉泥50克，清高汤400毫升，鸡蛋1个，橄榄油10毫升，中筋面粉20克，食盐少许。

制作方法：

1. 将虾仁除去泥肠，洗净，切成小丁；鸡蛋磕出，打散搅匀。
2. 橄榄油倒入锅中用小火加热，加入面粉拌炒至糊状，分次加入清高汤，边煮边搅拌均匀，放入玉米粒、鸡肉泥和虾仁丁煮熟，淋入鸡蛋液煮沸，调入食盐即成。

营养小支招：

鸡肉、虾仁所含的优质蛋白质吸收率高，可以预防幼儿营养不良。玉米的营养比稻米、小麦要高出很多，作为主食，玉米的营养价值是最高的，常给幼儿吃，有良好的健脑和增强免疫力的作用。

蔬菜鸡蛋羹

材料：

鸡蛋2个，番茄60克，菠菜50克，食盐、虾米、湿淀粉、香油各少许，高汤100毫升。

制作方法：

1. 将鸡蛋磕入碗中打散，加适量水调匀后入蒸锅蒸熟；番茄洗净后切成丁；菠菜用开水焯一下，沥干后切末；虾米用清水浸泡后切碎。

2. 炒锅内放入香油烧热，再放入虾米末、番茄丁、菠菜末炒匀，加高汤烧开，调入食盐，用湿淀粉勾芡，倒在蒸好的蛋羹上即可。

营养小支招：

实验证明，常摄取或补充番茄食品的儿童，比没有食用番茄食品的儿童长得更快，并且较少发生营养不良问题。菠菜含有丰富的维生素和大量的绿叶素，是脑细胞发育营养的"最佳供给者"之一，具有健脑益智的作用，可促进人体新陈代谢。鸡蛋几乎含有人体需要的所有营养物质，有"理想的营养库"之称，营养学家又称之为"完全蛋白质模式"。

材料：1 小碗新鲜核桃仁，冰糖少量。

冰糖核桃仁糊

制作方法：

1. 准备 1 小碗新鲜核桃仁，一般是新扒的，用碾碎机把它碾成粉末。

2. 烧热锅，把冰糖倒入锅中，等待冰糖全部融化，用筷子蘸一下有黏稠感后，将核桃仁粉全部倒入锅中。不断翻炒，等核桃仁粉刚刚变黄就关火，用余热加油热几分钟，至冰糖完全吸收就可以出锅了。

营养小支招：

核桃仁营养丰富，含有丰富的蛋白质，脂肪，矿物质和维生素。脂肪中含亚油酸多，营养价值较高，还含有丰富的 B 族维生素和维生素 E，含有多种人体需要的微量元素，婴儿多吃能够帮助大脑发育。

材料：乌龙面 50 克，鸡蛋 1 个，菠菜 20 克，香菇粒 15 克，胡萝卜粒 10 克，鸡腿肉 20 克，高汤适量，植物油、食盐各少许。

鸡肉蛋菜蒸乌冬面

制作方法：

1. 将乌龙面剪成长约 5 厘米的小段，用沸水烫过，拨散；菠菜先焯水，再煮熟，挤干水分后切碎；鸡腿肉切成碎丁；鸡蛋打入碗中，加入高汤、食盐搅匀。

2. 锅内倒入植物油烧热，将鸡腿肉碎丁炒香。

3. 把乌龙面放入蒸碗中，放上香菇粒、菠菜粒、胡萝卜粒和鸡腿肉碎丁，倒入搅匀的鸡蛋液，放入蒸笼蒸熟即可。

营养小支招：

乌龙面即乌冬面，是一种营养丰富的日式面条。以面食搭配肉类、鸡蛋和各种蔬菜做主食，有利于幼儿摄入全面的营养物质，有益于大脑和神经系统的健康发育。

宝宝乐鲑鱼饼

制作方法：

1. 鲑鱼肉洗净，剁成末。

2. 将鲑鱼肉末、油菜末、洋葱末、黄瓜粒、食盐、软米饭充分搅拌，分成若干份，捏成椭圆形，再压扁成小饼状。

3. 平底锅中放少许色拉油烧热，放入做好的鱼饼生坯，将两面煎熟，装盘，以番茄片围边即可。

营养小支招：

鲑鱼俗称三文鱼，营养丰富，食之有利于保护心血管健康，对脑部、视网膜及神经系统的健康发育非常有益。用鲑鱼肉和米饭及各种新鲜的蔬菜组合给宝宝制作食物，几乎包含所有生长发育需要的营养物质，可作为幼儿主食的良好选择。也可以用鳜鱼肉、黄鱼肉、鲈鱼肉来做。

材料：鲑鱼肉 100 克，软米饭 50 克，油菜末 15 克，洋葱末 15 克，黄瓜粒 15 克，番茄片 20 克，食盐、色拉油各少许。

核桃泥

制作方法：

1. 将核桃去壳，取核桃仁，用开水浸泡后去皮，剁成细末；鸡蛋磕破，将鸡蛋清和鸡蛋黄分别装碗，把鸡蛋清搅打至起泡。

2. 荸荠肉、蜜枣都切成小颗粒，装碗，加入白砂糖、鸡蛋黄、玉米粉、核桃仁末和少许清水，调成糊。

3. 炒锅置火上，放入植物油烧至六成热，放入糊料快速翻炒至水分将干、发白、吐油时，铺上鸡蛋清，炒匀即成。

营养小支招：

荸荠是根茎类蔬菜中含磷较高的蔬菜，能促进生长发育和调理酸碱平衡，对牙齿、骨骼的发育有益。在幼儿食物中加入核桃，可起到营养大脑、增强记忆、消除脑疲劳的作用。

材料：核桃 300 克，荸荠肉 15 克，蜜枣 10 克，鸡蛋 1 个，白砂糖 15 克，玉米粉 20 克，植物油 20 毫升。

奶香煎鳕鱼

制作方法：

1. 将菠菜择洗净后切小段，焯水后再放入沸水中烫熟，捞起，加入蒜泥、酱油拌匀，铺于盘中。
2. 平底锅放入植物油、奶油，加热至奶油融化，放入鳕鱼肉片煎至两面微黄，加白砂糖、酱油和少许水煮至入味，用湿淀粉勾芡，盛入菠菜垫底的盘中即可。

营养小支招：

鳕鱼含有人体必需的各种氨基酸，其比值和幼儿的需要非常相近，易被人体吸收，还含有不饱和脂肪酸和钙、磷、铁、B族维生素等营养素，对幼儿的健康发育十分有益。而菠菜所含的叶酸能改善幼儿躁动不安及睡眠不佳，促进红细胞生成。

材料：鳕鱼肉2片（约150克），菠菜50克，酱油、白砂糖、蒜泥、奶油、湿淀粉、植物油各少许。

鲜煮黄鳝面

制作方法：

1. 将黄鳝杀洗干净，切成小段。
2. 锅中放入花生油加热，放入姜片、葱花、黄鳝段，煸炒出香味，加适量清水煮15分钟。
3. 取煮好的黄鳝汤煮沸，放入面条煮熟，再放入小白菜、黄鳝段，调入食盐稍煮，盛入碗内即可。

营养小支招：

鳝鱼含有丰富的DHA（二十二碳六烯酸，俗称"脑黄金"）和卵磷脂，是构成人体各器官组织细胞膜的主要成分，更是脑细胞不可缺少的营养。另外，黄鳝含维生素A十分丰富，可以防治夜盲症和视力减退，促进皮肤的新陈代谢。面条的主要营养成分是蛋白质、脂肪、糖类等，易于消化吸收，有增强免疫力、平衡营养吸收的功效。

材料：黄鳝100克，小白菜50克，面条50克，姜片、葱花、食盐、花生油各少许。

香煎蛋肉卷

制作方法：

1. 猪瘦肉泥加葱末、姜末和少许清水搅匀，再加入食盐、儿童酱油调制成馅。

2. 将2个鸡蛋磕入碗内，加一点儿食盐、淀粉搅匀，用少许植物油摊成2张薄蛋皮；另一个鸡蛋和淀粉混合，加少许水调和成蛋糊。

3. 每张鸡蛋皮从中间一划两半，铺在案板上，抹上蛋糊，铺匀肉馅，再卷成蛋卷，用蛋糊封口，下入烧热植物油的锅中煎熟后盛出，擦去表面油分，切成小段装盘。

营养小支招：

猪瘦肉和鸡蛋可提供优质蛋白质，对肝脏组织的损伤有修复作用，蛋黄中丰富的卵磷脂还可促进肝细胞再生，补脑健脑。蛋卷亦可先蒸至八九成熟后再煎制。

材料： 猪瘦肉泥150克，鸡蛋3个，植物油适量，酱油、食盐、葱末、姜末、淀粉各少许。

松子鱼仁

制作方法：

1. 将净鱼肉切成丁，加鸡蛋清和少许料酒、食盐、干淀粉抓匀上浆。

2. 锅里放植物油烧热，下入鱼肉丁滑透后捞出，再下松子仁炸香后倒出沥油。

3. 炒锅下底油，爆香葱末、姜末，下入料酒、鲜汤、食盐烧开，用湿淀粉勾芡，放入鱼肉丁、松子仁，炒匀即可。

营养小支招：

此菜用草鱼腩、鳜鱼、鲈鱼、鳕鱼均可。吃鱼肉能让孩子更聪明；松子中的磷、锰及维生素E，对大脑、神经系统极为补益，能促进神经的传达功能，补充脑力。

材料： 松子仁50克，净鱼肉200克，1个鸡蛋的蛋清，干淀粉15克，湿淀粉、料酒、食盐、鲜汤、葱末、姜末、植物油各适量。

八宝豆腐羹

材料： 豆腐、鲜虾、瘦肉、香菇、松子、青豆、胡萝卜、鸡蛋、高汤适量。

制作方法：

1. 将胡萝卜洗净，去皮切丝；瘦肉切丝备用；鲜虾煮熟去壳，切碎备用。
2. 香菇去掉根部的杂物，和松子、青豆洗净备用。
3. 豆腐置于案板上切成小块备用。
4. 锅内倒入高汤，加入香菇和瘦肉、胡萝卜丝煮沸。
5. 加入豆腐、鲜虾、瘦肉等煮沸，鸡蛋打散，边倒边用筷子划散，煮熟后就可食用。

营养小支招：

豆腐对宝贝来说有清热泻火、益气解毒的作用，鸡蛋有润燥、增强免疫力、护眼明目的功效，胡萝卜有养肝明目、健脾、化痰止咳的作用。八宝豆腐羹对宝宝来说是一道既美味又营养丰富的食品。

豌豆泥蛋卷

材料： 鲜豌豆100克，鸡蛋3个，淀粉15克，白砂糖、芝麻各10克，花生油适量，牛奶50毫。

制作方法：

1. 鲜豌豆煮熟，过水拣出多余的豆皮，挤去多余的水分，捣成泥状，拌入少许熟花生油、白砂糖，分成6份。
2. 3个鸡蛋磕入碗中，加淀粉和牛奶拌匀，用平底锅烧热花生油，摊成6张蛋皮。
3. 蛋皮上刷上一层鸡蛋液，放入豌豆泥制成6个蛋卷，沾上芝麻。
4. 锅烧热花生油，逐条放入蛋卷，稍煎片刻至芝麻微黄时出锅切段装盘。

营养小支招：

豌豆中富含各种营养物质，可增强机体免疫功能，促进排毒，防止便秘。豌豆结合鸡蛋，使各类营养素完备，能促进儿童身体发育。

酥炸银鱼

制作方法：

1. 将银鱼洗净后沥干，加食盐拌匀，腌入味；用面粉、粟粉、鸡蛋加少许食盐和水调成酥炸糊。
2. 锅置火上，放入植物油烧至六成热，将银鱼逐一裹匀浆粉，放入油锅中炸至呈金黄色并熟透，捞出装盘即可。

营养小支招：

银鱼全身洁白透明、骨软、无鳞无刺，鱼身呈圆条状，整个鱼体均可食，营养价值非常高，其蛋白质优质，氨基酸组成较为理想，人体必需氨基酸齐全，善补脾胃，尤适宜体质虚弱、营养不足、消化不良的孩子食用，还有良好的促进大脑功能的作用。

材料： 银鱼200克，面粉50克，粟粉15克，鸡蛋2个，食盐少许，植物油适量。

鱼泥蛋饼

制作方法：

1. 将鸡蛋打入碗里，搅拌均匀加食盐调味。
2. 净鱼肉剁成泥，加入鸡蛋液中，再放入葱末、胡椒粉、香油搅拌成稀糊状。
3. 平底锅置火上，放入花生油烧热，把鱼肉蛋糊放进锅里摊匀，用铲子压成饼状，以小火煎至熟透，切成块，盛盘。

营养小支招：

幼儿期是人体大脑神经发育的重要阶段，食物中供给充足的优质蛋白质及丰富的微量元素直接关系着幼儿的健康发育。鸡蛋、鱼肉组合十分适合幼儿，富含卵磷脂、DHA（俗称"脑黄金"）等大脑发育不可或缺的营养，对增进食欲也很有帮助。

材料： 鸡蛋2个，净鱼肉100克，葱末5克，食盐、胡椒粉、香油各少许，花生油30毫升。

六鲜鹌鹑蛋

材料：

鹌鹑蛋150克（约15个），水发黄花菜、水发木耳、火腿末、洗净的油菜、豌豆各15克，豆腐30克，香油5毫升，料酒、食盐、鸡精、湿淀粉各少许，鲜汤50毫升。

制作方法：

1. 将11个鹌鹑蛋的蛋清、蛋黄分开，其余鹌鹑蛋煮熟，去壳；洗净的油菜剁成末；黄花菜、木耳、豆腐均剁碎，加食盐、鸡精、香油、料酒和鹌鹑蛋清一起拌成馅。

2. 将煮熟的鹌鹑蛋竖着切开，挖去蛋黄，填入拌好的馅，再用生蛋黄抹一下，点上豌豆，撒上火腿末和油菜末，装盘，上笼蒸10分钟。

3. 锅中放入鲜汤，调入少许食盐，汤沸时用湿淀粉勾芡，出锅浇在蒸好的鹌鹑蛋上。

营养小支招：

鹌鹑蛋的营养价值不亚于鸡蛋，可补气益血，补脑健脑，强筋壮骨，丰肌泽肤。搭配多种适宜幼儿吃的荤素食物，造型可爱，味道鲜美，对增加食欲、促进智力的增长及大脑的发育很有助益。

妈妈应知道和了解一些能促进大脑、智力发育的食物，并在幼儿膳食中合理安排，如牛奶、鹌鹑蛋、鸡蛋、豆制品、瘦肉等都是较好的选择。

七宝
饭团

材料:

米饭150克，熟黑芝麻、
熟白芝麻各10克，海苔5
克，黄豆粉5克，肉松、
蛋松、鱼松各适量。

制作方法：

1. 将热米饭分成7等份，分别用保鲜膜包起，搓成球状；海苔撕碎。

2. 在7个小碗内分别放入熟黑芝麻、熟白芝麻、海苔碎、肉松、蛋松、鱼松、黄豆粉，再将圆球状的白饭团去掉保鲜膜，分别放入碗内翻滚，使饭团均匀地裹上各种材料即可。

营养小支招：

大米是 B 族维生素的主要食物来源之一，是补充营养素的基础食物。搭配富含钙、铁、磷等矿物质的海苔、芝麻和各种食材，可补脑健脑，预防贫血，促进骨骼、牙齿的健康，可作为主食品种。给幼儿的食物应丰富多样，其中粮食类是重中之重，主食可常吃米粥、软饭、麦糊、挂面、包子、馄饨、水饺、小馒头等。

木瓜炖三鲜

制作方法：

1. 木瓜洗净，去皮、去瓤后切成块；猪瘦肉切成小块；鸡爪处理后洗净。
2. 将木瓜块、猪瘦肉块、鸡爪一同放入开水锅中焯一下水，捞出，和水发银耳一起放入炖盅里。
3. 加适量水入锅隔水炖 1～2 个小时，调入食盐、白砂糖拌匀，再炖片刻至鸡爪烂熟即成。

营养小支招：

银耳可促进血液循环，有滋阴润肺、养胃生津、益气和血、补肝强心、健脑提神等功效。猪瘦肉含优质蛋白质和血红素铁，能补肾养血、强身防病。

材料：木瓜 1 个，水发银耳、猪瘦肉、鸡爪各 100 克，食盐、白砂糖各少许。

鲜香鸡肉粥

制作方法：

1. 将鸡胸肉洗净，切成碎末。
2. 鸡肉末和葱末一起入锅，加入刚煮好的大米粥，用小火熬煮至熟，调入少许食盐和植物油，再稍煮片刻即可。

营养小支招：

鸡肉的肉质细嫩，蛋白质含量较高且易被人体吸收利用，有增强体力、强壮身体的作用。把适量鸡肉添加入粥中，是一种很好的营养补充，对宝宝从婴儿向幼儿过渡的营养摄取非常有益。10～12 个月的婴儿需要更多的各类食物，可根据情况在煮粥时再加入一些切碎的青菜、香菇等，以丰富粥的口味、营养。

材料：鸡胸肉 30 克，葱末 5 克，大米粥适量，食盐、植物油各少许。

鸡香麦片糊

制作方法：

1. 白菜叶洗净，用沸水烫熟，待凉后切成细丝；鸡胸肉洗净，切成小薄片。

2. 将鸡骨高汤入锅加热，放入鸡胸肉片煮熟，再放入即溶麦片煮开，然后和白菜丝一起放入搅拌器内搅成糊，装碗即可。

营养小支招：

这款辅食各种营养素含量较为全面，对断奶期婴儿的营养衔接和促进健康发育大有助益，适合 10 个月以上的婴儿食用。等宝宝再大一些至断奶，吞咽、消化功能再成熟一些时，可以省略搅打过程。

材料： 白菜叶 30 克，鸡胸肉 30 克（约 1 块），即溶麦片 2 大匙，鸡骨高汤 100 毫升。

鸡汤炖豆腐软饭

制作方法：

1. 将大米淘洗干净，入锅加适量水，煮制成软饭。

2. 豆腐用开水稍煮一下，捞出待凉后剁（或研磨）成豆腐泥；青菜洗净后用开水焯一下，沥干，切成末。

3. 把蒸好的软饭放入小锅内，加入鸡汤用小火煮至软烂，再加入豆腐泥、青菜末，调入食盐，稍煮片刻即可。

营养小支招：

新鲜的蔬菜配上豆腐、鸡汤入饭，营养互补，口味鲜美，很受宝宝的喜欢，可以作为这个时期宝宝主食的一个选择。蔬菜的品种可以丰富一些，根据时令调换，适宜宝宝常用的有油菜、胡萝卜、香菇、小白菜、苋菜等。此饭如果再加入些切碎的瘦肉、鸡肉或鱼肉，营养价值会更高，妈妈可根据宝宝的身体和需要整体安排。

材料： 大米 100 克，豆腐 150 克，青菜 100 克，鸡汤（或鱼汤、排骨汤）适量，食盐少许。

火腿鲜果沙拉

制作方法：

1.将去皮苹果、菠萝肉、火腿分别切成丝，一同装盘。

2.加入沙拉酱拌匀，再放上猕猴桃片和樱桃即可。根据宝宝的口味，还可加入一些酸奶。

营养小支招：

吃苹果有利于提高记忆力，能促进能量代谢，消除疲劳，增进食欲；菠萝能有效帮助消化吸收，并可改善局部的血液循环，消除炎症和水肿，防止肥胖；樱桃含铁量高，可促进血红蛋白再生，防治贫血，健脑益智；猕猴桃可为宝宝提供丰富的维生素C和膳食纤维，促进心血管健康，预防便秘。

材料：去皮苹果300克，菠萝肉150克，火腿100克，沙拉酱50克，猕猴桃1片，樱桃1颗。

清蒸肉香豆腐丸

制作方法：

1.将豆腐、虾仁分别洗净，剁成蓉。

2.将剁好的豆腐、虾仁和瘦肉末一同放入大碗内，加入葱末、鸡蛋、淀粉、食盐、胡椒粉、鸡精，用筷子顺一个方向搅打上劲，制成馅料。

3.锅置火上，倒入植物油烧至五成热，将搅好的馅料挤成小丸子逐个放入油锅中，炸至成熟后捞出沥油，装盘即可。

营养小支招：

幼儿身体发育迅速，要多提供含丰富蛋白质、钙、铁和足量维生素的食物，这款丸子很适宜，能促进食欲。炸好的丸子可直接食用，也可再配些蔬菜和芡汁，上笼蒸透或回锅烧一下再吃。

材料：豆腐200克，虾仁100克，鸡蛋1个，瘦肉末50克，葱末5克，淀粉10克，植物油200毫升，食盐、鸡精、胡椒粉各少许。

鲜蘑腐竹

制作方法：

1. 将干腐竹用清水泡发，切成小段；鲜蘑洗净，切成小块。两者都下入开水锅烫一下后捞起。

2. 炒锅烧热花生油，爆香姜末，加入料酒、鸡汤、食盐，放入腐竹段煨香，再加入鲜蘑块拌炒至收浓汁，用湿淀粉勾芡即成。

营养小支招：

腐竹和蘑菇都含丰富的优质蛋白质和钙、锌，必需氨基酸较全，这对大脑神经的健康和促进智力很有帮助。而钙除了与骨骼成长息息相关外，还对维护心脏健康、控制神经系统感应很重要。

材料： 鲜蘑150克，干腐竹100克，鸡汤、花生油各适量，料酒、食盐、姜末、湿淀粉各少许。

海米蒸豆腐

制作方法：

1. 把嫩豆腐切成小块，用开水焯一下，捞出装碗。

2. 海米用温水泡软，切成末，放入嫩豆腐中，加入酱油、香油和清鸡汤，入锅蒸熟即可。

营养小支招：

豆腐和海米都是钙的极佳食物来源，两者组合是膳食补钙的理想选择。另外，虾皮有"钙库"之称，含有丰富的蛋白质和钙，是极佳的补钙食品，因此也可选用虾皮来做此菜。

材料： 嫩豆腐150克，海米5克，清鸡汤、酱油、香油各少许。

鲜爽鱼肉松

制作方法：

1. 鲜鱼肉洗净，上锅蒸熟，剔净骨刺。

2. 取处理好的鱼肉压匀剁碎。

3. 中火烧热锅，加入植物油，放入鱼肉末，边烘边炒至鱼肉香酥时，加入食盐、酱油、白砂糖，炒匀即可。

营养小支招：

鱼肉含有丰富的矿物质、优良的蛋白质，是宝宝发育必不可少的食物。从添加辅食开始就已经在为宝宝断奶做准备，可先让其适应鱼汤，再喂食鱼肉制作的辅食。

材料： 鲜鱼肉200克（鳕鱼、黄鱼、鳜鱼、鲈鱼、三文鱼、草鱼均可），植物油、酱油、食盐、白砂糖各少许。

五彩煮肉丸

制作方法：

1. 将猪五花肉剁成细末；白菜叶剁成细末；洋葱丁、胡萝卜丁、红圆椒丁、香菇丁焯一下水后沥干。

2. 将猪五花肉末和白菜叶末混合，加入鸡蛋液、番茄酱、干淀粉、食盐、香油拌匀，做成几个肉丸，下入高汤锅中煮透。

3. 炒锅内倒入色拉油烧热，炒香洋葱丁、胡萝卜丁、红圆椒丁、香菇丁，加入适量高汤煮开，调入酱油、食盐，再下入肉丸稍煮即可。

营养小支招：

以5种蔬菜和肉搭配，做成肉丸子，营养丰富，荤素适宜，有助于幼儿全面补充营养，提高抗病能力。制作时也可以把各种蔬菜剁细后全部加入肉馅中做成肉丸，同时可根据宝宝的口味灵活掌握，还可以用其他时令蔬菜。

材料： 猪五花肉200克，白菜叶50克，红圆椒丁、洋葱丁各20克，胡萝卜丁、香菇丁各30克，鸡蛋液1个，番茄酱20克，干淀粉、色拉油、酱油、食盐、香油各少许，高汤适量。

蔬菜鸡肉烩饭

制作方法：

1. 将番茄去皮，切碎；洋葱切成碎粒。

2. 色拉油入锅烧热，依次下入鸡肉末、洋葱粒、番茄末、胡萝卜末、甜椒粒炒匀，再加入米饭翻炒均匀，加入高汤同炒至香浓，下食盐调味即可。

营养小支招：

番茄几乎含有所有的维生素，食后对心血管系统有保护作用，能保护皮肤，促进幼儿全面发育，并能清热解毒、健胃消食。鸡肉中蛋白质的含量较高，人体必需氨基酸齐全，且消化率高，有增强体力、促进智能发展的作用。

材料： 米饭 100 克，番茄、鸡肉末各 30 克，洋葱 20 克，胡萝卜末、甜椒粒各 15 克，色拉油 10 毫升，食盐、高汤各少许。

鱼肉蛋卷

制作方法：

1. 将净鱼肉切成细条；青豆用开水焯透；鸡蛋磕入碗内拌匀，用少许烧热的植物油摊成 2 张薄蛋皮。

2. 鱼肉条用沸水汆一下，加入姜末、食盐、料酒、香油拌匀。

3. 取鸡蛋皮铺平，各放上一半鱼肉条、胡萝卜丝和葱丝、青豆，卷成卷，摆入蒸盘，用大火蒸 10 分钟，切成段，再淋上少许用湿淀粉勾芡并烧开的高汤即可。

营养小支招：

蛋皮软滑，鱼肉松嫩鲜香，很适宜幼儿食用。这道菜宜用黄鱼、鳜鱼、鲈鱼等鱼肉来做，还可用鲜嫩的猪瘦肉或鸡胸脯肉来做，配菜亦可灵活掌握。

材料： 净鱼肉 150 克，鸡蛋 2 个，胡萝卜丝 60 克，青豆 10 克，葱丝 10 克，料酒、食盐、姜末、湿淀粉、高汤、香油、植物油各少许。

鲜味莴笋炒鱼丁

材料：

草鱼肉200克，1个鸡蛋的蛋清，莴笋丁50克，淀粉15克，米醋15毫升，白砂糖、食盐、胡椒粉、湿淀粉、香油各少许，葱末10克，姜末、蒜末各5克，鲜汤、调和油各适量。

制作方法：

1. 草鱼肉洗净，去净暗刺，切成丁后装碗，加入食盐拌匀，再用鸡蛋清、淀粉上浆。
2. 炒锅内放入调和油烧至四成热，下入草鱼肉丁滑散，再放入莴笋丁滑一下油，一起倒入漏勺滤油。
3. 炒锅内留少许油，用葱末、姜末、蒜末炝锅，加鲜汤、米醋、白砂糖、食盐、胡椒粉炒匀烧开，用湿淀粉勾芡，倒入草鱼肉丁、莴笋丁翻炒至入味熟透，加入香油出锅。

营养小支招：

草鱼肉嫩而不腻，营养丰富，开胃滋补，身体瘦弱、食欲不振的幼儿非常适宜食用，还对血液循环很有益；而莴笋可改善消化系统和肝脏功能，对人体基础代谢、心智和体格发育及情绪调节都有很大的帮助。

三鲜鲑鱼蛋卷

材料：

鸡蛋2个，鲑鱼肉200克，嫩芦笋3根，胡萝卜50克，海苔6片，食盐、沙拉酱、熟黑芝麻、熟白芝麻、花生油、香油各少许。

制作方法：

1. 将鸡蛋打入碗中，搅散；嫩芦笋洗净后切成小段；胡萝卜去皮后洗净，切成细条；鲑鱼肉切成片，煮或蒸熟后切碎，加食盐、沙拉酱拌匀。

2. 将嫩芦笋段、胡萝卜条放入开水锅中焯透，捞出沥干水分。

3. 将鸡蛋液用少许热花生油摊成薄蛋饼2张，铺平，每张蛋饼上放适量煮熟的鲑鱼肉、3片海苔和芦笋段、胡萝卜条，卷成蛋卷，压紧后切成段，撒上熟黑芝麻、熟白芝麻，淋上少许香油即可。

营养小支招：

鲑鱼俗称三文鱼，所含的优质蛋白质和DHA（俗称"脑黄金"）、Ω-3脂肪酸及丰富的矿物质，有助于幼儿的成长发育，尤其对眼睛的健康和神经系统发育大有益处，可增强大脑功能，保护视力。制作这道菜可以根据季节不同变换蔬菜品种或用其他鱼类。用瘦肉和蔬菜组合做成肉菜蛋卷也十分适宜。

材料：鸡蛋2个，豌豆仁、玉米粒、火腿丁、番茄丁各30克，葱末、鸡汁、食盐、植物油各少许。

什锦煎蛋包

制作方法：

1. 将豌豆仁和玉米粒下入开水锅中焯烫片刻，捞出沥干。

2. 锅中倒入植物油烧热，爆香葱末，放入火腿丁、豌豆仁、玉米粒、番茄丁炒匀，加入食盐、鸡汁调味后盛出。

3. 鸡蛋磕入碗内搅匀，用少许植物油摊成几张小蛋皮，分别放上炒好的馅料，包起后再煎片刻即可。

营养小支招：

把不同食材巧妙组合，比单一烹调更能让孩子提高进食欲望，配餐时荤素搭配，多注意蔬菜的摄取，有益于促进孩子的营养平衡。

材料：瘦肉片150克，丝瓜1根，咸鸡蛋黄2个，蒜蓉10克，花生油、食盐、淀粉各适量，胡椒粉、生抽、香油各少许。

丝瓜蒸肉

制作方法：

1. 丝瓜削去皮，切成条；咸鸡蛋黄切成碎粒。

2. 猪瘦肉片中加食盐、胡椒粉、淀粉、花生油拌匀，腌渍入味。

3. 丝瓜条排入蒸盘中，铺上猪瘦肉片，再放上咸鸡蛋黄粒和蒜蓉，入蒸笼中蒸熟，再淋上香油和烧热的生抽即可。

营养小支招：

丝瓜有通经络、行血脉、生津止渴、解暑除烦、通利肠胃的作用，搭配猪肉、蛋黄等，还能健脑力、增食欲。

浇汁肉丸酿蛋

制作方法：

1. 鸡蛋放入凉水锅中，置火上煮熟，过凉后去壳，切成两半，取出蛋黄。

2. 猪肉馅中加入鸡蛋黄、食盐、酱油拌匀，制成丸子，酿入鸡蛋中，放入蒸锅中蒸熟。

3. 锅中烧热植物油，炒香香菇末、胡萝卜末，加入食盐、高汤烧开，用湿淀粉勾芡，浇在肉丸鸡蛋上即可。

营养小支招：

鸡蛋虽含有丰富的营养物质，但其胆固醇的含量也较多，所以不宜每日大量给孩子食用，一般最多不超过 2 个。

材料： 鸡蛋 2 个，猪肉馅 100 克，香菇末、胡萝卜末各 15 克，高汤、食盐、酱油、湿淀粉、植物油各适量。

肉饼太阳蛋

制作方法：

1. 将猪瘦肉、肥肉洗净，剁成细末盛碗，打入 1 个鸡蛋，再加雪菜末、酱油、食盐、姜末、香油，顺一个方向搅匀制成馅。

2. 将拌好的猪肉馅平铺在刷了一层植物油的蒸盘里制成圆饼状，把另一个鸡蛋磕在上面，然后放入烧开水的蒸锅中蒸至熟透即可。

营养小支招：

成菜造型可爱，美味适口，营养素全面，可健脑益智，强筋壮骨，促进发育，还可防止因营养缺乏导致的食欲不振，偏食和胃口不佳。在给孩子配餐时，要注意搭配些蔬菜、豆制品，荤素平衡才更有助于防止孩子偏食。

材料： 鸡蛋 2 个，猪瘦肉 200 克，肥肉 25 克，雪菜末 30 克，酱油、食盐、姜末、香油、植物油各少许。

香焖腐皮鹌鹑蛋

制作方法：

1. 将鹌鹑蛋煮熟，过凉后剥去壳，抹上酱油、湿淀粉；香菇洗净后切成小块。

2. 植物油入锅烧热，放入鹌鹑蛋炸至微微金黄时捞起。

3. 锅内留底油，下入火腿片、香菇块炒香，加入鸡汤和鹌鹑蛋，用中火焖透，调入食盐、香油即可。

营养小支招：

鹌鹑蛋的营养价值不亚于鸡蛋，可补益气血、强筋壮骨、健脑益智、养肝清肺。搭配其他食物烹调不仅营养全面，还能增进孩子的食欲。

材料： 鹌鹑蛋20个，香菇100克，火腿片50克，植物油、食盐、鸡汤、酱油、香油、湿淀粉各适量。

双味豆腐肉饼

制作方法：

1. 将油菜心洗净，取中间最嫩的菜心备用；香菇切成末；发好的黄花菜切成末。

2. 豆腐焯水后用刀背压成泥状，加入瘦肉末、香菇末、黄花菜末、食盐、香油拌匀，制成饼状，放入抹了一层花生油的盘中，上笼蒸10分钟至熟。

3. 炒锅内放入花生油烧热，放入葱末、姜末煸香，下入油菜心，加少许食盐炒熟，将油菜心装盘垫底，上面放上蒸好的豆腐饼即可。

营养小支招：

油菜含钙量在绿叶蔬菜中最高，还含有丰富的维生素，有助于幼儿增强免疫力，维持骨骼的健康发育。豆腐健脑，可促进大脑发育。但小儿消化不良者和易腹泻者不宜吃豆腐。

材料： 油菜心200克，豆腐200克，瘦肉末60克，香菇、水发黄花菜各30克，花生油15毫升，姜末、葱末、香油、食盐各少许。

鱼虾豆腐羹

制作方法：

1. 将虾仁挑去泥肠，洗净；鱼肉片用沸水汆一下。

2. 锅中放入熟猪油烧热，用葱花、姜末爆锅，放入油菜段稍炒，倒入高汤烧沸。

3. 放入虾仁、鱼肉片、豆腐块烧开，用湿淀粉勾芡，加入食盐、香油再稍煮即可。

营养小支招：

此菜的荤素搭配合理，可补肝肾、壮体力、补脑力、增智力，所含丰富的钙还可促进骨骼健康，提高抗病能力。

材料： 虾仁、油菜段、鱼肉片各100克，豆腐块150克，姜末、葱花各5克，熟猪油10克，高汤适量，湿淀粉、食盐、香油各少许。

茄汁鱼卷

制作方法：

1. 将净鱼肉片切成大薄片，加食盐、料酒、姜蓉腌一下；荸荠末、香菇末和猪肉末混合，加食盐、鸡蛋清、干淀粉拌成馅。

2. 在鱼片中裹上馅，卷成卷，抹上鸡蛋清，沾上干淀粉，用热花生油炸一下。

3. 另起油锅，炒香番茄酱、葱段，加入鲜汤、食盐、白砂糖、醋、湿淀粉烧成浓汁，下入炸好的鱼卷烧透即可。

营养小支招：

适宜儿童经常食用的淡水鱼包括鲤鱼、草鱼、大头鱼、鲫鱼、鳜鱼、鲈鱼等，海水鱼包括黄鱼、平鱼、鲑鱼、鳕鱼等。此鱼卷开胃、营养丰富、滋补，对维持身体健康和防治偏食很有帮助。

材料： 净鱼肉200克，猪肉末30克，荸荠末、香菇末、番茄酱各50克，鸡蛋清2个，花生油、食盐、醋、姜蓉、葱段、白砂糖、干淀粉、湿淀粉、料酒、鲜汤各适量。

材料：嫩牛肉60克，鸡蛋2个，料酒1小匙，姜汁、葱花、食盐、酱油各少许。

鸡蛋蒸牛肉

制作方法：

1.牛肉洗净，切成小薄片，加入食盐、料酒、酱油、姜汁拌匀。

2.鸡蛋磕入碗中搅匀，加入适量凉开水再搅匀，加入牛肉片、葱花。

3.调好的鸡蛋牛肉放入蒸锅中，蒸至嫩熟即可。注意不要蒸老。

营养小支招：

给孩子吃的牛肉一定要是最嫩的部分。还可适当加入一些切碎的蔬菜。牛肉的蛋白质十分接近人体需要，铁、锌、磷含量也高，而鸡蛋营养全面，更是健脑、益智的良好食物。

材料：西生菜叶2片，黄瓜100克，苹果100克，柳橙1/4个，熟香芋60克，圣女果5颗，熟金枪鱼30克，千岛酱、酸奶各适量。

什锦果蔬沙拉

制作方法：

1.把黄瓜、苹果、柳橙都去皮，切成小块；圣女果切成小瓣；熟香芋切成丁。

2.把西生菜叶铺在盘底，依次放入黄瓜块、苹果块、柳橙块、圣女果、熟香芋丁、熟金枪鱼，淋上千岛酱、酸奶拌匀即可。

营养小支招：

金枪鱼富含不饱和脂肪酸、DHA，氨基酸种类齐全，还含铁、钾、钙、碘等多种矿物质元素，有利于大脑和中枢神经系统的健康发育。再搭配多种蔬菜和水果，口味、营养都十分丰富。

蛋包番茄

制作方法：

1. 鸡蛋打入碗中，加入食盐、牛奶、淀粉搅成糊状；番茄洗净，用开水烫一下，剥皮，切成小丁。

2. 炒锅中放入黄油烧热，放入洋葱末炒至微黄，加入番茄丁和少许食盐炒透，盛出。

3. 煎锅烧热植物油，倒入适量鸡蛋糊煎成薄蛋饼，放上一些炒好的番茄洋葱，把蛋饼叠起包成半圆形，煎至两面金黄时即成。

营养小支招：

以新做法来重新诠释"番茄鸡蛋"，美味新鲜，含有优质蛋白质、全面的维生素、矿物质及卵磷脂，有利于增进食欲、预防偏食，可促进神经系统健康发育，提高儿童身体的免疫力。

材料： 鸡蛋3个，番茄150克，洋葱末15克，黄油20克，牛奶50毫升，植物油适量，淀粉、食盐各少许。

香菇酿豆腐

制作方法：

1. 鲜香菇去蒂洗净，在内部撒上少许食盐和白胡椒粉，放置5分钟，再撒上一层淀粉。

2. 豆腐焯水后沥干，压磨成泥，加入鸡蛋、食盐、鸡汁和香油，搅拌均匀，酿入鲜香菇内，再撒上芹菜末和胡萝卜末，装盘，入锅蒸熟。

3. 把香菇蒸出的原汁倒入锅内，用湿淀粉勾芡，淋在香菇豆腐上即可。

营养小支招：

此菜色、香、味俱佳，可促进食欲，各类营养素齐备，可补肝肾、健脾胃、益智安神，对儿童骨骼生长、增进脑力有良好作用。

材料： 豆腐2块，鲜香菇10朵，芹菜末20克，胡萝卜末30克，鸡蛋1个，食盐、白胡椒粉、鸡汁、香油、淀粉、湿淀粉各少许。

彩色
鱼丁

材料：

鱼片300克，胡萝卜200克，
玉米粒50克，青、红辣椒
各1个，鸡蛋1个，莴苣1根，
胡椒粉、油各适量。

制作方法：

1. 把鱼片洗净切成丁。
2. 把胡萝卜、青红椒、莴苣都切小丁；把鸡蛋打成蛋液。
3. 小锅加水烧开，水沸腾时下入胡萝卜丁，煮3~4分钟，捞出沥水。
4. 炒锅倒少量油，烧至八成热，把鱼丁煎黄。
5. 把鱼丁捞起，再倒入玉米粒、莴苣丁、胡萝卜丁、青红椒继续翻炒。
6. 最后加入鱼丁、胡椒粉和少许水，略煮一下，至水分差不多干时就可以起锅装盘了。

营养小支招：

彩色鱼丁是一种大杂烩式的做法。因为用到的食材比较多，除了鱼之外还用到了胡萝卜、青红椒、
玉米粒等不同颜色的食材，混合在一起的味道居然也是十分美味，而且最重要的是其营养丰富。
这道菜色彩缤纷，看上去很漂亮，宝宝一定会喜欢。

什锦豆腐煲

材料：

豆腐200克，虾仁100克，香菇丁、胡萝卜丁、玉米粒、豌豆仁各30克，枸杞子5克，葱花、姜末、食盐、花生油各少许。

制作方法：

1. 豆腐切成小块；虾仁去除沙线后洗净，切成粒；玉米粒和豌豆仁分别洗净；枸杞子用清水稍泡一下。

2. 炒锅内放入花生油烧热，爆香姜末，放入香菇丁、胡萝卜丁、玉米粒、豌豆仁、枸杞子一同炒熟后盛出待用。

3. 原锅再放花生油烧热，将豆腐块煎至变色，加入虾仁粒翻炒，再放入步骤2中炒好的菜同炒，烹入适量水烧开，调入食盐焖煮5分钟，撒上葱花即可。

营养小支招：

豆腐中所含丰富的大豆蛋白和动物性蛋白相结合，更融合了齐全的维生素和矿物质，对提高儿童的抗病能力、调养虚弱、促进生长和智力发育、防治便秘等都大有助益。

鲜蔬蛋丁

制作方法：

1. 鸡蛋煮熟后去壳，分开蛋白、蛋黄，切成丁。

2. 胡萝卜丁、莴笋丁分别用沸水焯透后沥干，加少许食盐腌渍片刻；土豆煮熟，去皮后切丁。

3. 将蛋白丁、蛋黄丁、胡萝卜丁、熟豌豆、莴笋丁、土豆丁一同装盘，调入食盐、香油、鸡汁拌匀即成。

营养小支招：

此菜营养齐全，可促进儿童的新陈代谢，提高免疫力，维护神经系统的健康，使皮肤细腻润泽。

材料： 鸡蛋3个，熟豌豆50克，胡萝卜丁100克，莴笋丁100克，土豆1个，食盐、鸡汁、香油各适量。

菇菜烘蛋

制作方法：

1. 将胡萝卜丝、黄花菜分别用沸水焯透，沥干，将黄花菜切短；金针菇、香菇丝、红甜椒丝分别焯水，沥干。

2. 将鸡蛋打入碗中，搅匀打发，放入全部蔬菜和食盐，搅拌均匀。

3. 平底锅中放入植物油烧热，倒入调好的蔬菜鸡蛋，用中火煎至两面金黄、成熟，起锅切成三角块即可。

营养小支招：

鸡蛋有增进骨骼发育、健脑补脑、提高记忆力、预防贫血和消除疲劳等多种作用。与鸡蛋搭配多种蔬菜，特别是金针菇、香菇、黄花菜含锌量都较高，都是良好的健脑菜，对儿童智力发育和预防偏食都有良好的作用。

材料： 鸡蛋3个，卷心菜丝、金针菇、香菇丝、红甜椒丝、胡萝卜丝、水发黄花菜各10克，食盐少许，植物油适量。

三丝荷包蛋

制作方法：

1. 猪瘦肉洗净，切成细丝；金针菇择洗干净。

2. 锅内烧沸水，将鸡蛋磕入锅内煮熟，捞入汤碗内。

3. 高汤烧开，放入猪瘦肉丝、金针菇，调入食盐、花生油，下入芹菜段，烧至成熟，加胡椒粉搅匀，出锅倒入盛荷包蛋的汤碗中。

营养小支招：

鸡蛋对神经系统功能和肝细胞的再生有促进作用。此汤搭配科学，对孩子全面发育和提高学习能力有益。

材料： 鸡蛋3个，猪瘦肉50克，金针菇50克，芹菜段20克，食盐、胡椒粉、花生油各少许，高汤适量。

五彩豆腐包

制作方法：

1. 芦笋切成小段；胡萝卜切成细条；韭菜用滚水略烫一下。

2. 豆腐包摊平，横向片开，分别包入适量芦笋段、胡萝卜条、香菇片卷好，用韭菜绑牢，制成豆包卷。

3. 锅中烧热香油，加入酱油、白砂糖、食盐和高汤煮开，放入豆腐包卷，用小火煮至汤汁收浓即可。

营养小支招：

豆腐包富含优质蛋白质和较多的钙及其他丰富矿物质，搭配各类蔬菜巧妙烹煮，有助于增加孩子对素食的兴趣，在健脑、促发育的同时，豆腐制品中的豆固醇还能抑制胆固醇的摄取。

材料： 豆腐包8个，净芦笋8根，去皮胡萝卜100克，韭菜15克，香菇片50克，高汤适量，酱油、白砂糖、食盐、香油各少许。

材料：胡萝卜300克，鸡蛋2个，
面粉10克，淀粉30克，食
盐少许，花生油300毫升。

酥脆炸金丝

制作方法：

1. 胡萝卜洗净，刮去皮，切去头和尾，除成丝，加食盐拌匀。

2. 用鸡蛋、面粉、淀粉调匀成稠而厚的蛋糊，下入胡萝卜丝拌匀。

3. 炒锅内放入花生油烧至五成热，将胡萝卜丝分成数等份，逐一团成小饼状下锅，煎至成熟即成。

营养小支招：

胡萝卜中丰富的胡萝卜素可促进机体正常生长，防止呼吸道感染及保护视力健康，还有助于加快大脑细胞的新陈代谢，促进脑功能，增强记忆力。注意糊的用量以胡萝卜丝被全部包裹住为佳，黏度以要能握成团为宜。

材料：鳕鱼肉200克，2个鸡蛋的
蛋清，生菜叶100克，植物
油适量，食盐、姜汁各少许。

菜丝炒鳕鱼

制作方法：

1. 将鳕鱼肉洗净，切成丁；生菜叶择洗干净，切成丝。

2. 鸡蛋清打匀至起泡，加入鳕鱼丁，再加入姜汁和食盐拌匀。

3. 锅内放入植物油烧热，放入鳕鱼丁以中火滑油，至将熟时出锅。

4. 锅内留少许油，将鳕鱼丁、生菜丝同放入锅中，翻炒均匀即可。

营养小支招：

白绿相衬，色香味俱全。鳕鱼肉嫩甘美，营养丰富，很适合孩子的饮食特点和口味，对心血管系统有很好的保健作用，还能健脑益智。

第二部分

宝宝的益智营养餐

常见的益智食物

　　许多适宜孩子补脑益智的食物都是日常在菜市场就能买到的种类，购买方便又价廉物美，家长要结合孩子的实际情况进行选择。

◆牛奶（奶酪）：牛奶含有优质蛋白质，其中含有人体所需要的全部必需氨基酸，除含有钙质外，还含有多种我们身体需要的维生素和矿物质，如：维生素 A，维生素 B_1，维生素 B_2，维生素 C 以及铁、锌、硒等微量元素，对于维持孩子正常生理功能和促进生长发育都有好处。

◆蛋类（鸡蛋、鹌鹑蛋等）：鸡蛋所含营养与大脑活动功能、记忆力密切相关，对孩子大脑发育很有益处。鹌鹑蛋含有更丰富的卵磷脂、脑磷脂和 DHA，补脑健脑作用突出。

◆鱼类：可向大脑提供优质蛋白质、钙和多种微量元素，而淡水鱼所含的脂肪酸多为不饱和脂肪酸，能保护脑血管，对大脑细胞活性有促进作用。

◆虾皮：虾皮中含钙量极为丰富，摄取充足的钙可保证大脑处于最佳工作状态，还可防止其他缺钙引起的儿科疾病。适量吃些虾皮，对增强记忆力和防止软骨病都有好处。

◆玉米：玉米胚中富含多种不饱和脂肪酸，有保护脑血管和降血脂的作用，尤其是含谷氨酸较高，能促进脑细胞代谢，有健脑的作用。

◆黄花菜：黄花菜是"忘忧草"，能"安神解郁"。适当食用黄花菜，对促进孩子睡眠和良好的精神状态十分有益。

◆橘子：橘子含有大量维生素 A、维生素 B_1 和维生素 C，属典型的碱性食物，可消除酸性食物对神经系统造成的危害，促进大脑活力。

◆菠菜：菠菜属健脑蔬菜，由于它含有丰富的维生素 A、维生素 C、维生素 B_1 和维生素 B_2，是脑细胞代谢的"最佳供给者"之一。它还含有大量叶绿素，也有健脑益智的作用。

◆豆类及豆制品：豆类和豆制品含大脑必需的优质蛋白和氨基酸及大豆卵磷脂，以谷氨酸的含量最为丰富，是大脑赖以活动的物质基础；含钙也较多，能强化脑血管的机能。所以孩子常吃豆类有益于大脑的发育。

◆坚果类：坚果营养丰富，含蛋白质、矿物质、维生素都比较高，有改善血液循环、营养大脑、增强记忆力、消除脑疲劳的作用，健脑益智功效突出。注意给婴幼儿食用时应磨碎后再做，可制糊或加入粥、食物泥、米糊中。另外，芝麻、核桃、花生、杏仁、松子、榛子等也都是很好的健脑佳品。

　　另外，补充营养素一般只要在日常膳食中均衡添加即可，不应单独或大量进食，需了解孩子的具体情况，然后适量加入食物进行制作。每天在安排膳食的时候，均衡加入健脑食物，对促进孩子的大脑、智力的发育都有很好的益处。

核桃仁
炒双菇

材料：

香菇200克，核桃仁150克，平菇100克，食盐、白砂糖、姜末、湿淀粉、素汤适量，色拉油各适量。

制作方法：

1. 香菇去蒂洗净，切成片；平菇洗净，撕成块。

2. 锅中放入色拉油烧热，下入香菇片、平菇块、核桃仁炸炒至半熟时倒出沥油。

3. 原锅再下少许底油，用姜末炝锅，放入香菇片、平菇块、核桃仁，加食盐、白砂糖和素汤炒匀，用湿淀粉勾芡即成。

营养小支招：

核桃可为大脑提供充足的亚油酸、亚麻酸等分子较小的不饱和脂肪酸，可提高大脑功能；其丰富的 B 族维生素和维生素 E 能健脑和增强记忆力。一般菇类都有调节神经、益智安神、补益体弱的作用，搭配核桃，是孩子补脑的极佳选择。

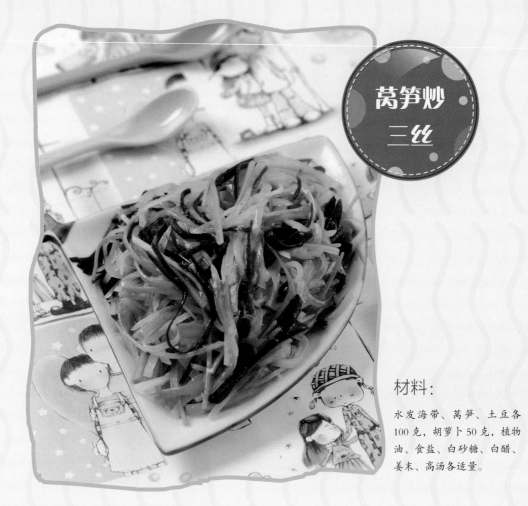

莴笋炒三丝

材料：

水发海带、莴笋、土豆各100克，胡萝卜50克，植物油、食盐、白砂糖、白醋、姜末、高汤各适量。

制作方法：

1. 水发海带洗净，切成细丝；莴笋、胡萝卜、土豆分别去皮，洗净后切成丝。

2. 把土豆丝用清水泡一下，捞出和水发海带丝一起放入沸水锅中烫一下，捞起控水。

3. 锅内倒入植物油烧热，放入胡萝卜丝、土豆丝煸炒，再放入莴笋丝同炒，加入水发海带丝炒匀，加入姜末、食盐、白砂糖、白醋，再加入高汤，炒至成熟即可。

营养小支招：

此菜鲜香可口，有助于促进思维敏捷，保护眼睛、骨骼、牙齿，维持脑部、精神状态的稳定，还可平衡营养，增加食欲，很适宜学龄前儿童食用。把不同的蔬菜组合烹调，更能让孩子提高食欲，有益于平衡营养。本菜营养全面，有利于孩子思维敏捷，保护眼睛。

苹果滋味饭

材料:

苹果2个,米饭150克,鸡腿肉粒50克,玉米粒30克,青豆粒15克,鸡蛋1个,花生油、食盐各适量。

制作方法:

1. 苹果从 1/4 处切开,去掉核并挖出中间部分的果肉切成粒,苹果杯留用。

2. 青豆粒用开水焯透;鸡蛋加少许食盐打匀,用平底锅加少许花生油摊成蛋饼,再切成丁。

3. 锅内放入花生油烧热,下鸡腿肉粒、玉米粒、青豆粒炒熟,再放入苹果粒和米饭炒匀,加入食盐、鸡蛋丁炒入味,装入苹果杯中即可。

营养小支招:

此菜品造型可爱,品味营养俱佳,可增进食欲,平衡营养摄取,促进发育。苹果中丰富的果胶纤维、果糖有消除不良情绪和提神醒脑的功效,有助于孩子健脑和保持愉快情绪。要选新鲜爽口的脆苹果,熟透了的苹果炒熟口感不佳。

材料： 芥蓝 300 克，熟腰果 50 克，香菇片 30 克，甜椒圈 5 克，蒜片、色拉油、食盐、鸡精、湿淀粉各少许。

材料： 丝瓜 500 克，虾肉蓉 100 克，猪肉末 50 克，红甜椒粒、葱花、姜末、食盐、鲜汤、料酒、淀粉、植物油各适量。

芥蓝腰果炒香菇

制作方法：

1. 芥蓝择洗干净，取茎切小段后焯水备用。

2. 炒锅中放入色拉油烧热，下甜椒圈、蒜片炒香，放入芥蓝段、熟腰果、香菇片翻炒均匀，加食盐、鸡精调味，用湿淀粉勾芡即可。

营养小支招：

此菜有补脑、减压的作用。芥蓝能刺激人的味觉神经，增进食欲，还利于加快胃肠蠕动，消暑解热。

虾镶丝瓜

制作方法：

1. 虾蓉和猪肉末混合，加姜末、料酒和食盐拌匀。

2. 丝瓜削皮洗净，切成小段，一头挖空，撒上淀粉，镶入虾蓉肉馅，下入五成热的植物油中煎至淡黄。

3. 原锅留底油，加入丝瓜段、鲜汤和少许食盐，用小火煨 5 分钟，加入葱花、红甜椒粒，继续煨至汤汁收干即可。

营养小支招：

丝瓜中的 B 族维生素、维生素 C 含量高，搭配含优良蛋白质的猪肉、虾仁，营养全面，可促进孩子大脑发育，提高抗病能力。

材料：粳米50克，鲜虾仁50克，干香菇10克，葱花5克，食盐、香油各少许。

材料：大米60克，鸡蛋1个，鲜虾仁50克，豌豆、胡萝卜末、玉米粒各20克，植物油15毫升，高汤250毫升，料酒、食盐、葱花各少许。

香菇虾仁粥

制作方法：

1. 粳米淘洗干净；干香菇泡软去蒂，切成小块；虾仁挑去泥肠后洗净；将虾仁、香菇块一同放入开水锅中稍烫一下捞出。

2. 粳米入锅，加适量水煮成粥，趁粥开时加入虾仁、香菇块煮透，再加入葱花、食盐和香油，稍煮即可。

营养小支招：

粳米可供给丰富的B族维生素，米粥能补脾、和胃、益气、清肺，加上营养全面的虾仁、香菇，还有益于补充脑力，让孩子更聪明活泼。

五彩虾仁饭

制作方法：

1. 大米洗净，放入高汤浸泡1个小时，然后煮成米饭，用筷子挑散，放凉。

2. 鲜虾仁处理干净，加食盐和料酒略腌；鸡蛋打散备用。

3. 锅中分三次烧热植物油，先把豌豆、玉米粒和胡萝卜末炒熟，再把鸡蛋炒熟盛出，最后炒熟虾仁备用。

4. 锅中再下入少许植物油，放入葱花、米饭炒香，加入步骤3中炒好的菜炒匀，最后再加食盐调味即可。

营养小支招：

此款炒饭荤素食物精心配伍，营养全面，有利于神经系统和身体的发育，能益智并增强宝宝的记忆力。

材料： 鲜嫩玉米粒150克，松子仁30克，胡萝卜丁、黄瓜丁、净虾仁、火腿丁各50克，熟豌豆30克，水淀粉、食盐、鸡汁、植物油各适量。

材料： 胡萝卜、大白菜、口蘑、鲜香菇各100克，食盐、浓鸡汤、色拉油、香油各适量。

什锦松仁玉米

制作方法：

1. 玉米粒放入沸水锅中焯一下，捞出；虾仁切成丁，和胡萝卜丁一同焯水后捞出沥干。

2. 锅中烧热植物油，下入松子仁炒熟后备用。

3. 炒锅置火上，倒入植物油烧热，放入玉米粒、胡萝卜丁、黄瓜丁、虾仁丁、火腿丁、熟豌豆翻炒片刻，加入食盐、鸡汁、水淀粉炒熟，加入松子仁翻匀即可。

营养小支招：

松子仁除了对大脑和神经有良好的补益作用外，其和虾仁中还都含有丰富的铁、锌和钙，加上玉米等多种食物搭配，有助于增强儿童记忆力，促进智力，防治便秘。

蒸四素

制作方法：

1. 胡萝卜去皮洗净，切成丝，焯熟；鲜香菇去蒂，洗净，切成薄片；大白菜择洗干净，切成丝，用开水烫软；口蘑泡洗后切成薄片。

2. 取蒸盘，抹上色拉油，依次排入胡萝卜丝、大白菜丝、口蘑片、鲜香菇片，撒上食盐，入蒸锅蒸10～15分钟，再加入热鸡汤、香油，出锅翻扣于盘中即可。

营养小支招：

胡萝卜、白菜对保持视力正常和强体养胃很有益；口蘑有助于防止贫血，促进排毒；香菇中的多糖类物质和维生素能补肝肾、健脾胃、益智力。这款素食十分适宜给学龄前儿童常食，能提高身体抗病能力，保护各个内脏器官。

材料: 粳米 60 克,新鲜洗净的鱼肉 50 克,姜末、葱花各 5 克,熟植物油、食盐、香油各少许。

材料: 鸡蛋清 4 个,虾米 10 克,火腿末 15 克,葱花 5 克,食盐少许,植物油适量。

鱼片粥

制作方法:

1. 将鱼肉仔细去净刺,切成小薄片,用熟植物油、姜末和少许食盐拌匀,待用;粳米淘洗干净,用约 150 毫升清水浸泡 1 小时。

2. 将粳米连水倒入砂锅中,再加入约 350 毫升水,用大火烧开,转小火煮粥。

3. 粥刚熟时倒入腌好的鱼片,煮稍沸,加入食盐、香油、葱花,搅匀起锅。

营养小支招:

此粥对孩子脾胃虚弱、气血不足、体倦少食、食欲不振、消化不良等有一定调理作用。要选用细刺少、肉嫩、易消化的鱼,如鳕鱼、鳜鱼、黄鱼、鲈鱼、草鱼等,健脑益智、健体强身的功效突出。

鲜炒蛋清

制作方法:

1. 鸡蛋清加食盐打匀至起泡;虾米泡水至软,取出后切成碎末。

2. 炒锅烧热,用 1 匙植物油将打好的蛋清炒成棉花状,盛盘。

3. 原锅再放少许植物油,爆香虾米末,加葱花、火腿末和少许食盐炒匀,铺在炒好的蛋白上即可。

营养小支招:

鸡蛋清富含蛋白质和人体必需的 8 种氨基酸和少量胶质,不仅可以使皮肤变白、变细嫩,还具有清热解毒的作用。虾米含有丰富的蛋白质和钙,对幼儿身体和智力的发育很有帮助。

材料：黄瓜1根，精制猪肉末150克，鸡蛋1个，香菇2朵，虾皮6克，花生油10毫升，食盐、鸡汁、淀粉、葱花各适量。

材料：米饭200克，鸡蛋2个，虾仁100克，洋葱丁20克，葱花、食盐、鸡汁、植物油、番茄酱各适量。

黄瓜酿肉

制作方法：

1. 黄瓜洗净，切成若干2厘米厚的圆段，将中间掏空；香菇洗净后切碎；虾皮用温开水泡一下，沥干后切成碎末。

2. 猪肉末中加入切碎的香菇、虾皮和食盐、鸡汁、淀粉，打入鸡蛋，顺同一个方向搅拌均匀。

3. 将调好的肉馅酿入黄瓜节中，装盘，撒上葱花，淋上热花生油，放入蒸锅中蒸熟即可。

营养小支招：

以多变的花样做黄瓜，让孩子食欲大增，加入肉、蛋、香菇、虾皮等，既补充了各类矿物质、维生素的不足，又对骨骼、大脑神经的发育和健康很有帮助。

虾仁蛋包饭

制作方法：

1. 虾仁挑去泥肠，洗净，用沸水烫一下。

2. 炒锅中放入植物油烧热，炒香洋葱丁，放入虾仁，调入食盐、鸡汁，倒入米饭炒香，加入葱花炒匀备用。

3. 鸡蛋磕入碗加一点点食盐搅匀，倒入平底锅用少许热植物油煎成薄蛋饼，放入炒好的米饭包好，再稍煎装盘。食用时可适当淋上一些番茄酱。

营养小支招：

软嫩鲜香，诱人食欲。鸡蛋营养成分全面，蛋白质优良，和虾仁、蔬菜、米饭同烹，荤素搭配适宜，做法巧妙，可保证孩子的营养充足补充，宜作为午餐，既能健脑安神，又可消除疲劳。

材料：木瓜1个，牛奶200毫升，冰糖30克。

材料：菠萝1个，西瓜丁、哈密瓜丁、香蕉丁、猕猴桃丁、苹果丁各适量，沙拉酱50克，酸奶100毫升。

木瓜蒸奶

制作方法：

1. 木瓜洗净，竖切开一小块作为开口，去掉瓜瓤。

2. 将牛奶从开口处倒进木瓜中。

3. 将木瓜奶盅放入蒸锅内，用中火蒸20分钟，加入冰糖后再蒸片刻即成。

营养小支招：

木瓜中含丰富的蛋白质、氨基酸、维生素和多种矿物质以及过氧化氢酶、木瓜素等，其中过氧化氢酶是天然消化酶，能帮助消化吸收牛奶、肉类及其他食物的营养，有助于吸收蛋白质；木瓜素能缓解肌肉痉挛，有消肿、抗肿瘤的功效。牛奶的蛋白质含量高且优质，含钙量也较高，对儿童大脑、骨骼的发育极为有益。

菠萝沙拉什锦果

制作方法：

1. 菠萝切半，挖出果肉做成菠萝碗，把果肉切成丁。

2. 把材料中的所有水果丁一同装碗，放入沙拉酱拌匀。

3. 把拌好的沙拉水果丁倒入菠萝碗内，再浇上酸奶即可。

营养小支招：

哈密瓜富含维生素及钙、磷、铁、钾等多种矿物质，能促进内分泌和造血功能，还可增进食欲、清凉消暑、清肺益气、生津止渴。多种水果搭配做沙拉，各类营养特别是维生素极为丰富，有助于健脑力、增智力。

蛋黄焗鱼条

材料：

净鱼肉 300 克，熟咸鸭蛋黄 3 个，鸡蛋 1 个，食盐、料酒、葱姜汁、淀粉、花生油各适量。

制作方法：

1. 净鱼肉切成条，加食盐、料酒、葱姜汁拌匀；淀粉加适量水，打入鸡蛋拌成淀粉蛋糊；熟咸鸭蛋黄用勺子压成泥。

2. 炒锅内放入花生油烧至六成热，将鱼肉条挂匀蛋糊后下入锅中煎熟，出锅。

3. 锅内留少许油，以小火炒匀压磨成泥的鸭蛋黄，放入鱼条，炒匀即可。

营养小支招：

咸鸭蛋的营养全面，有大补虚劳、滋阴养血、润肺美肤、明目平肝和改善食欲的作用，搭配鱼肉做菜，对身体瘦弱、饮食不佳和有偏食倾向的儿童来说，能让其食欲大增，并可开胃滋补、强体健脑。宝宝上幼儿园后感染病菌机会增加，保证膳食均衡以增强身体抵抗力很重要。

鲜汆
鱼片

材料：

草鱼肉400克，香醋、食盐、
蒜泥、香油各适量。

制作方法：

1. 草鱼肉洗净，剔净刺，将鱼肉片成薄片；将香醋、食盐、蒜泥、香油混合在一起，加少许凉开水调匀，做成调味汁。

2. 锅内放水烧开，下入草鱼肉片汆烫至熟，捞出装盘，倒入调味汁拌匀即成。

营养小支招：

各种鱼肉都具有高蛋白、低脂肪，维生素、矿物质含量丰富，肉嫩鲜美、易消化、增进食欲的优点。儿童常食鱼肉，开胃滋补，明显有利于生长发育和智力发展，对改善偏食和食欲不振也很有帮助。本菜中加入蒜泥，更有利于增加食欲，杀菌消毒。每周定时给孩子吃两三次鱼肉对生长发育很有益处。

材料：鲜牛奶 500 毫升，花生仁 60 克，枸杞子 10 克，水发银耳 20 克，冰糖适量。

材料：牛肉丝 30 克，鸡蛋面条 60 克，嫩菠菜梗 20 克，大骨汤适量，食盐少许。

双色牛奶花生

制作方法：

1. 花生仁、枸杞子、水发银耳分别洗净，将花生仁下入沸水锅焯片刻后捞出。

2. 锅置火上，注入鲜牛奶，加入花生仁、枸杞子、银耳同煮，煮至花生仁熟烂，加入冰糖即可。

营养小支招：

花生有补脑益智、养肝明目的作用；银耳能活血健脑、强肝益胃、益气清肺，提高免疫功能；枸杞子益肝肾、补气血、明目。三者和牛奶组合，营养价值更高，宜给孩子加餐或作点心。

骨汤牛肉面

制作方法：

1. 将嫩菠菜梗洗净，用开水烫一下，切成碎丁；牛肉丝切短；鸡蛋面条用剪刀剪成短一些的段。

2. 大骨汤入锅加热，下入嫩牛肉丝稍煮后捞出。

3. 再下入鸡蛋面条，煮熟，加入嫩牛肉丝、菠菜梗丁，调入食盐再煮片刻即可。

营养小支招：

食用牛肉对增长肌肉、增强力量特别有效，还可提高智力，调养身体。但给幼儿一定要吃嫩牛肉或小牛肉才便于消化，肉丝长度要根据咀嚼能力调整。幼儿生长发育迅速，要注意各种食物的供给搭配，多提供富含蛋白质、钙、铁和各类维生素的食物。

材料： 桂圆肉 50 克，莲子 30 克，枸杞子 10 克，水发银耳 20 克，鸡蛋 1 个，白砂糖适量。

材料： 红枣 8 枚，枸杞子少许，鸡蛋 2 个，食盐少许。

桂圆莲子鸡蛋羹

制作方法：

1. 砂锅内加入适量水，放入桂圆肉、莲子煮开。

2. 加入水发银耳、枸杞子，烧开后用小火煮 20 分钟。

3. 鸡蛋磕入碗中搅匀，淋入锅内，煮开时撇去浮沫，再加入白砂糖即可。

营养小支招：

桂圆有补血安神、健脑益智、补养心脾的功效；莲子善补五脏不足，通气血，补脑力，强心安神；枸杞子护眼明目，可治肝血不足；银耳能提高肝脏的解毒能力，保护肝脏功能。

红枣杞子蒸蛋

制作方法：

1. 红枣和枸杞子用清水洗净、浸软，将红枣去核后切成小片。

2. 鸡蛋加入食盐搅匀，加入少许凉开水再拌匀，撒上红枣片、枸杞子。

3. 将调好的枣杞蛋液放入蒸锅，隔水蒸至嫩熟即可。

营养小支招：

常吃红枣能保护肝脏，有宁心安神、益智健脑、抗过敏的功效。枸杞子富含枸杞多糖、蛋白质、游离氨基酸和全面的维生素、矿物质元素，有补肝肾、益精气、明目安神的功效。二者蒸蛋食用，能全面提升孩子的免疫功能。

材料：豆腐皮60克，鹌鹑蛋100克，鲜香菇15克，火腿末20克，葱花、姜末各5克，植物油适量，食盐、鸡汁各少许。

材料：宽面条100克，猪瘦肉末60克，白豆腐干2小块，葱头末10克，黄瓜丝、胡萝卜丝各15克，鸡蛋1个，酱油、食盐、高汤、植物油各适量。

腐皮鹌鹑蛋

制作方法：

1. 豆腐皮撕成碎片，洒上少许温水润湿回软，用开水焯一下；鹌鹑蛋打入碗内，调成蛋液；鲜香菇去蒂洗净，切成细条。

2. 锅置火上，放入植物油烧至七成热，用葱花、姜末炝锅，爆出香味，倒入鹌鹑蛋液炒至凝结，加少许水煮开。

3. 放入豆腐皮、火腿末、香菇条煮一下，加入食盐，用中火焖烧2分钟，再调入鸡汁即可。

营养小支招：

鹌鹑蛋的营养价值不亚于鸡蛋，可补血益气、强筋壮骨、健脑益智、嫩肌润肤。由于其个头小、口味好，所以搭配其他食物烹调，不仅营养更为全面，还能促进食欲，增加孩子的进食兴趣。

五彩盖浇面

制作方法：

1. 白豆腐干切成小丁；面条煮熟，用凉开水过凉，剪短备用；鸡蛋打匀，用热植物油摊成薄蛋饼，待凉后切成丝；胡萝卜丝用开水焯一下后沥干。

2. 炒锅烧热植物油，炒香葱头末，下入猪瘦肉末、白豆腐干丁炒匀。

3. 加入酱油、食盐、高汤，炒至汤汁收浓时铺盖在面条上，再放上鸡蛋丝、黄瓜丝、胡萝卜丝，拌匀即可。

营养小支招：

此款面食色彩丰富，营养全面，作为主食可给孩子常吃，有益于健康发育和平衡摄取营养。一定要买专门给宝宝吃的儿童面条或者在家自己擀面条，当然最好是妈妈能给宝宝亲手擀制面条。

材料：山药 400 克，面粉 50 克，鸡蛋 1 个，奶酪 20 克，牛奶、白砂糖、植物油各适量。

材料：糯米 60 克，枸杞子 5 克，猪肝 30 克，高汤 500 毫升，姜末、香油、食盐、酱油各少许。

山药煎饼

制作方法：

1. 将山药去皮后洗净，入锅煮至八成熟时研磨成泥，加入面粉、鸡蛋、奶酪、牛奶、白砂糖顺同一个方向搅拌成稠糊状。

2. 平底锅内倒入植物油烧热，取一团山药糊放入锅内，轻按成小圆饼，用小火煎至熟透即可。

营养小支招：

山药能滋补强体，可增强免疫力，加入营养全面（尤其是含钙丰富）的奶酪和牛奶，可平衡孩子的营养摄取。

枸杞猪肝粥

制作方法：

1. 将猪肝洗净，先切薄片，再切成小条，同姜末装入碗内，以酱油腌 10 分钟；糯米和枸杞子洗净。

2. 高汤倒入砂锅内，放入糯米和枸杞子煮至粥将熟。

3. 再放入切好的猪肝煮熟，调入香油、食盐即可。

营养小支招：

枸杞子具有补肾益精、养肝明目、抗衰老等功效；猪肝可以改善人体造血系统，促进红细胞、血色素产生，制造血红蛋白等，是补血之佳品。两者还都含有很丰富的锌元素，对促进幼儿智力和思维的发展很有帮助。

材料: 鸡蛋3个, 粉丝、胡萝卜丝、藕丝各100克, 植物油100克, 酱油20克, 香油、食盐、鸡汁、葱花, 香醋各适量。

材料: 大米100克, 牛奶600毫升, 葡萄干30克, 奶油15克, 白砂糖10克, 食盐、香草精、果酱、熟植物油各少许。

蛋香三丝

制作方法:

1. 鸡蛋磕入碗, 搅散, 加少许食盐搅匀, 下入烧热植物油的锅中炒至金黄后盛出。

2. 粉丝用温水泡软, 和胡萝卜丝、藕丝同入开水锅中焯透后沥干。

3. 把胡萝卜丝、藕丝、粉丝装盘, 加入葱花和用材料中准备的所有调味料调制的味汁, 再合入鸡蛋拌匀即成。

营养小支招:

此菜有利于养肝明目, 促进大脑物质交换, 增强孩子的记忆力。孩子上幼儿园后, 更为丰富的食物组合有助于解疲劳、促发育。

葡萄干奶米糕

制作方法:

1. 将葡萄干切碎; 大米洗净, 沥干水分后放入锅中, 加入牛奶、食盐, 用小火慢煮至米饭熟软但仍有米粒感时, 放入切碎的葡萄干、白砂糖、香草精续煮片刻, 熄火, 加入奶油拌匀制成米糊。

2. 取几个小碗, 内侧刷一层熟植物油, 将米糊倒入碗中至八分满, 冷却后脱模装盘。食用时可酌情浇上一些果酱。

营养小支招:

大米可健脾和胃、补中益气, 能使五脏精髓充溢、筋骨肌肉强健。牛奶几乎含有人体所需要的全部营养物质, 特别是含有成长发育必需的所有氨基酸和钙、镁、铁、锌等, 对于幼儿的智力发育很有益处。

材料：猪瘦肉末 200 克，黄花菜 20 克，枸杞子 10 克，料酒、酱油、香油、淀粉、食盐各适量。

材料：嫩牛肉 200 克，金针菇 100 克，熟鸡蛋 1 个，蒜末 5 克，花生油、酱油、食盐、鸡精各适量。

黄花枸杞肉饼

制作方法：

1.黄花菜泡发，择洗干净，与猪瘦肉末、枸杞子一起剁成蓉泥状，装碗后加入料酒、酱油、香油、淀粉、食盐搅拌至起黏。

2.将剁好的猪瘦肉蓉放入刷了香油的盘内摊平，入锅隔水蒸熟，改刀切块即可。

营养小支招：

这款辅食能很好地调节精神疲劳、安心安神。枸杞子同猪肉一起入菜，对体力、精神的调节有很好的助益。

金针牛肉片

制作方法：

1.嫩牛肉洗净，切成薄片；金针菇择洗干净；熟鸡蛋去壳，将蛋黄和蛋白分别切成丁。

2.锅内放入花生油烧热，爆香蒜末，放入嫩牛肉片炒香，烹入少许水和酱油，用小火焖煮 10 分钟。

3.加入金针菇同煮，调入食盐、鸡精继续焖煮至熟透，加入蛋黄丁和蛋白丁拌匀即可。

营养小支招：

金针菇含的人体必需氨基酸成分齐全，且含锌量高，对增强脑功能，尤其是促进儿童的身高和智力发育有帮助。牛肉营养全面，适量吃可促进孩子的生长发育，对身体调养、补充失血方面很有益。

山药豆腐丸

材料：

山药 400 克，老豆腐 150 克，猪瘦肉末 100 克，绿茶粉 5 克，虾皮，食盐，干淀粉，水淀粉、植物油各适量。

制作方法：

1. 将老豆腐以纱布包紧挤去水分，研磨成豆腐泥后加入绿茶粉拌匀；山药去皮洗净，入锅蒸熟后先切小块，再研磨成泥。

2. 将老豆腐泥、山药泥、猪瘦肉末一同装碗，加入食盐搅匀制成馅。

3. 锅中放入植物油烧热，取豆腐山药肉馅揉搓制成若干丸子，然后沾些干淀粉，逐个下入油锅中炸至将熟时捞出。

4. 另起锅烧热少许植物油，炒香虾皮，加入少许水和食盐，用水淀粉勾芡，放入山药豆腐丸炒匀挂上汁即可。

营养小支招：

绿茶清香怡人，能提高免疫力，保护心肺；山药对改善腹泻和促进食欲有作用；豆腐中优质蛋白质和矿物质、B 族维生素等十分丰富，可补脑益心，促进发育。三者再加上猪肉做成丸子，更会让学龄儿童食欲大增，有助于摄取全面的营养素。

蛋黄高汤
土豆泥

材料：

土豆150克，熟鸡蛋1个，
清高汤少许。

制作方法：

1. 将土豆去皮洗净，切成片，入锅加水煮至熟软，捞出。亦可将土豆蒸熟。

2. 趁热将土豆片捣磨成土豆泥；鸡蛋取蛋黄，也研磨成泥。

3. 将土豆泥和蛋黄泥混合装盘，调入一点儿烧热的清高汤，拌匀即成。

营养小支招：

土豆是低热量、多维生素和微量元素的食物，对消化不良、习惯性便秘、神疲乏力等有良好疗效；鸡蛋黄也是宝宝辅食必不可少的材料，对大脑的发育非常有益。从宝宝6个月龄起，为其添加更为营养全面、品种丰富、易消化的辅食，其实就是在为断奶做准备了，也可视作断奶初期。但辅食的添加要循序渐进，都由少量开始，让宝宝慢慢适应各种食物。

材料：西洋梨半个，婴儿麦粉1匙，婴儿牛奶60毫升，煮鸡蛋黄2个。

材料：婴儿牛奶150毫升，香蕉60克，苹果60克。

梨香牛奶蛋黄羹

制作方法：

1. 将西洋梨洗净，去皮、籽，刮出果肉研磨成泥状。

2. 将婴儿麦粉、婴儿牛奶混合搅拌均匀，再加入熟鸡蛋黄、西洋梨泥拌匀，用中火蒸8～10分钟即可。

营养小支招：

西洋梨细嫩汁多、甘甜可口，含有大量植物纤维、果胶和多种维生素，适当食用能迅速增强健康活力，提高宝宝的食欲，帮助消化，降火解热。也可用苹果、哈密瓜或香蕉来做。各种水果去皮后最好先用开水烫一下，以起到消毒的作用。

苹果香蕉奶

制作方法：

1. 将香蕉、苹果都去皮，切成小块。

2. 将切好的香蕉、苹果一起放入搅拌机内搅拌至呈黏糊状时，立即加入热的婴儿牛奶，再次搅匀。

3. 将拌好的果奶倒入盛器中，待温度适宜时即可喂给宝宝吃。

营养小支招：

吃香蕉和苹果可解除忧郁，消除不良情绪，提神醒脑，能帮助宝宝保持愉快的心情。两者都含有大量营养成分，可充饥、补充能量，还能保护胃黏膜、润肠通便。另外，吃苹果可改善呼吸系统和肺的功能，对宝宝生长发育十分有益。

材料：豆腐 50 克，苹果肉 20 克，南瓜 20 克，葡萄糖（或白砂糖）少许。

材料：嫩豆腐半块，精细猪肉末 15 克，绿色蔬菜末（小白菜、小油菜、圆白菜、苋菜等）15 克，鸡蛋液（半个鸡蛋）、酱油少许，肉汤适量。

蔬果豆腐泥

制作方法：

1. 将豆腐入锅加水煮熟，沥去水分，压磨成泥；南瓜蒸熟，压磨成泥。

2. 苹果肉切碎，和南瓜泥一同加入豆腐泥中，再加入葡萄糖拌匀即可。

营养小支招：

豆腐中的完全优质蛋白质含量丰富，营养价值高；丰富的大豆卵磷脂更是有益于神经、血管、大脑的生长发育。用水果、蔬菜与其搭配，既提高了营养利用率，也有利于让宝宝适应多种食物。

菜肉豆腐糊

制作方法：

1. 嫩豆腐放入开水中焯一下，抹干后切成碎块。

2. 猪肉末放入锅内，加入肉汤、酱油、碎豆腐块和绿色蔬菜末，用小火煮熟，然后把调匀的鸡蛋液倒入锅内，边倒边不停搅拌，煮成糊状即可。

营养小支招：

7 个月后的宝宝对营养需求量进一步加大，必须添加更多品种的营养辅食。用豆腐、瘦肉、青菜、鸡蛋共同组合，各类营养相互补充，能及时补给宝宝生长发育所需的各种营养物质。也可以用鸡肉、鱼肉来做，蔬菜亦可灵活选择和搭配。

黄豆
蓉粥

材料：

软饭4汤匙，煮软的黄豆1汤匙，黄豆排骨汤适量（除去汤面的油）。

制作方法：

1. 煮饭时，在煲内放米及水，用汤匙在中心挖一洞，使中心的米多接触水，煮成饭后，中心的米便成软饭。

2. 把4汤匙（或视婴儿食量而定）软饭搓烂（饭的分量应配合黄豆的分量，黄豆不宜过多）。

3. 将煮软的黄豆放在筛内，用汤匙搓成蓉。筛放在小煲上，倒下约2/3杯黄豆汤，将豆蓉冲入煲内，在筛内的豆壳则丢弃不要。

4. 将软饭也放入煲内搅匀煲沸，用慢火煲成稀糊，放入极少的盐调味。待温度适合时，便可喂婴儿。

营养小支招：

黄豆有"植物肉"的美称，而且蛋白质含量高，能满足小孩发育所需的蛋白质。

甜香土
豆泥

材料:

土豆100克, 葡萄干10克,
白砂糖少许。

制作方法:

1. 将葡萄干用温水泡软; 土豆去皮后洗净, 切成小块。

2. 将土豆块放入锅内, 加入适量清水煮熟, 取出放入碗中, 用汤匙压磨成土豆泥。

3. 锅置火上, 加入少许水烧开, 放入土豆泥和葡萄干, 用微火煮至黏稠, 加入白砂糖拌匀即成。

营养小支招:

制作时, 土豆还可以蒸熟后再制成泥, 葡萄干用温水泡软后亦可切碎再煮。葡萄干中的铁、钙和葡萄糖含量十分丰富, 加入土豆中, 在婴儿辅食中适当添加十分适宜, 可补血气、强骨骼、健脑力。常食还对大脑神经健康和疲劳有较好的补益调养作用。

材料：豌豆15克，去皮土豆25克，去皮胡萝卜20克，菜花20克，鸡蛋1个，食盐少许。

蛋香四鲜菜泥

制作方法：

1. 将材料中所有蔬菜洗净、切碎，入锅加食盐和适量水，煮熟。

2. 待凉后将煮好的蔬菜压磨成泥，放入蒸盘，倒上打匀的鸡蛋搅匀，入开水蒸锅蒸熟即可。

营养小支招：

以4种适宜婴儿吃的蔬菜搭配鸡蛋同烹，营养相互补充且增进，对婴儿的营养全面摄取和健康生长很有帮助。也可把混合蔬菜泥放入粥里烹煮，妈妈可以灵活掌握。

材料：大米50克，鱼肉末50克，菠菜30克，食盐少许。

菠菜鱼末粥

制作方法：

1. 将大米淘洗干净，放入锅内，倒入清水用大火煮开，改用小火煮粥，熬煮至米烂粥黏时，加入鱼肉末。

2. 将菠菜择洗干净，用开水焯一下，切成碎末，放入粥内，调入一点食盐，用小火再熬煮几分钟即成。

营养小支招：

此粥荤素搭配，富含优质蛋白质、碳水化合物及钙、磷、铁等矿物质和多种维生素，对促进宝宝身体健康很有帮助。但鱼刺一定要仔细剔除干净，宜选用肉质细嫩、刺少易消化的鱼类，如鳜鱼、三文鱼、鳕鱼、黄鱼、黄骨鱼、鲈鱼等都是很好的选择。

材料：苹果 200 克，小米 100 克，嫩豆腐 200 克，湿淀粉、盐、糖、味精、明油少许。

材料：鲜虾仁 130 克，蟹肉 30 克，豌豆仁 30 克，豌豆苗适量，牛奶 100 毫升，清高汤 300 毫升，白胡椒粉、食盐各少许，淀粉 10 克。

苹果小米豆腐羹

制作方法：

1. 将豆腐、苹果均切成小方粒。

2. 锅中加汤，烧开后放入豆腐、苹果、小米和盐、糖、味精等调料。

3. 汤再开时，用湿淀粉勾芡，再淋入少许明油即可。

营养小支招：

豆腐的蛋白质含量丰富，而且豆腐蛋白属完全蛋白，不仅含有人体必需的 8 种氨基酸，而且比例也接近人体需要，营养价值较高；苹果中的胶质和微量元素铬能保持血糖的稳定，在空气污染的环境中，多吃苹果可改善呼吸系统和肺功能，保护肺部免受污染和烟尘的影响，这道辅食颜色美观，口味清淡，咸鲜微甜，宝宝非常爱吃。

海鲜丸子牛奶汤

制作方法：

1. 将豌豆仁煮熟捞出，捣成泥状；鲜虾仁去泥肠，洗净后切碎，加入蟹肉、豌豆泥混合，调入白胡椒粉、食盐、淀粉，顺一个方向搅拌均匀。

2. 把牛奶和清高汤倒入锅中煮沸，将虾泥馅捏成小丸子下入锅中煮熟，再加入豌豆苗煮沸即可。

营养小支招：

虾仁、蟹肉、豌豆、牛奶都富含蛋白质和钙、锌、磷等多种矿物质及维生素 A、维生素 D 等多类维生素，可补益身体，促进睡眠，保护神经系统健康，丰富的维生素 D 更能保证钙的良好吸收。汤汁中还可以加少许白味噌，更为鲜美。

材料：大米75克，猪肉末50克，油菜叶(或白菜、小白菜、菠菜等)50克，植物油、酱油、食盐、葱姜末各少许。

材料：豌豆30克，牛奶100毫升，鸡胸肉50克，食盐少许。

鲜蔬肉末粥

制作方法：

1. 将大米淘洗干净，放入粥锅中，加适量水，用大火煮开，转小火煮成粥；油菜叶洗净、切碎。

2. 炒锅内加植物油烧热，放入猪肉末炒散，加葱姜末煸炒出香味，加酱油略炒，再放入油菜末、食盐炒匀，起锅倒入粥锅里，再稍煮片刻即成。

营养小支招：

大米是B族维生素的重要来源，也是预防脚气病、消除口腔炎症的重要食疗食物。大米粥具有补脾、和胃、清肺功效；米汤可益气、养阴、润燥，刺激胃液的分泌，有助于消化，并对脂肪的吸收有促进作用。在大米粥中加入肉和蔬菜，丰富了粥的营养。粥要注意煮得软烂一些，也可用鱼肉、虾肉和蔬菜组合。

奶香豌豆煮鸡肉

制作方法：

1. 将豌豆洗净，去除外膜，用开水先焯一下，再入锅煮至熟透；鸡胸肉切成碎丁，用开水焯一下。

2. 将豌豆、牛奶、鸡胸肉碎丁放入锅中，加入少许煮豌豆的汤，置火上用小火煮至鸡肉熟烂，调入少许食盐即成。

营养小支招：

这款辅食食物搭配合理，营养全面。除膳食纤维外，牛奶含有人体所必需的全部营养物质，是唯一的全营养食物，含有成长发育必需的一切氨基酸。豌豆富含赖氨酸，这是其他粮食所没有的。赖氨酸是人体的一种必需氨基酸，能促进人体发育、增强免疫功能，并有提高中枢神经组织功能的作用。鸡肉蛋白质含量较高，且易被人体吸收利用，有增强体力、强壮身体的作用。

材料：鸡肉末300克，熟蛋黄2个，番茄片80克，生菜50克，淀粉15克，食盐、胡椒粉、植物油各少许。

材料：鳝鱼300克，净绿豆芽150克，鸡蛋清1个，食盐、胡椒粉、料酒、酱油、湿淀粉各少许，葱末、姜末、蒜末各10克，植物油适量。

双色鸡肉丸

制作方法：

1. 鸡肉末加食盐、胡椒粉、植物油和淀粉拌匀。

2. 锅内加适量清水烧至微开，取一半鸡肉末挤成丸子，下锅煮熟；另一半鸡肉末加入压碎的熟蛋黄搅匀，也挤成丸子下锅煮熟。

3. 另起锅倒入丸子汤，加食盐烧开，再放入番茄片、生菜、鸡肉丸，稍煮片刻调入鸡精即可。

营养小支招：

鸡蛋黄中含有丰富的卵磷脂、维生素 B_2 及 DHA 等，对维护神经系统的正常有很大作用，和鸡肉做成丸子食用，能健脾胃、活血脉、强筋骨、益智力。

豆芽鳝丝

制作方法：

1. 将鳝鱼杀洗后切成段，顺长切成丝，用鸡蛋清、湿淀粉、食盐拌匀；把料酒、酱油、胡椒粉、食盐和湿淀粉调成味汁。

2. 锅烧植物油至六成热，下入鳝鱼丝滑透后倒出。

3. 原锅留底油，下葱末、姜末、蒜末爆香，放入绿豆芽略炒，再加入鳝鱼丝、味汁炒熟即可。

营养小支招：

鳝鱼富含的 DHA 和卵磷脂是脑细胞不可缺少的营养成分，它还含较多维生素 A，能增进视力。加入绿豆芽，加强了补脑增智，健身强体的作用。

材料：瘦肉300克，蒜蓉30克，葱花10克，鸡蛋1个，酱油、食盐、淀粉、香油各少许。

材料：红豆沙馅250克，烤红薯400克，面粉适量，奶油、奶粉各10克，植物油适量。

蒜香蒸肉饼

制作方法：

1. 瘦肉洗净，先切成丁，再剁成肉泥。

2. 将猪肉泥放入碗内，打入鸡蛋，加入蒜泥、葱花、酱油、食盐、淀粉、香油，顺同一个方向搅拌至肉馅黏稠。

3. 将搅拌好的肉馅均匀铺入蒸盘并制成饼状，蒸熟，稍凉后切成三角块即可。

营养小支招：

大蒜含有丰富的大蒜素，有良好的杀菌抗病毒和增进食欲的功效，对病原菌或寄生虫，都有良好的杀灭作用。把蒜蓉加入猪肉中同烹，还有助于补肝血、强筋骨、补脑力。

红薯豆沙饼

制作方法：

1. 烤红薯去皮，压磨成泥状，加入面粉、奶油、奶粉和少许水揉成团，分割成10等份。

2. 取1份红薯面团用手掌压扁，放入适量红豆沙馅包成饺子状，捏紧后稍压扁，全部饼做好后放入烧热植物油的平底锅中，煎至成熟即可。

营养小支招：

红薯中蛋白质质量高，可弥补米面中的营养缺失，丰富的纤维素可促进肠胃蠕动、预防便秘。红豆沙含有丰富的维生素 B_1、叶酸和铁，能增进皮肤健康，促进红细胞生成，预防贫血，维护神经系统、肠道、性器官的正常发育。

材料：净鱼肉200克，油菜心100克，鸡蛋1个，料酒10毫升，鸡汁、葱末、姜汁、食盐、香油、淀粉各少许，高汤适量。

材料：通心粉200克，鲜虾仁100克，洋葱50克，干香菇3朵，胡萝卜30克，酱油1茶匙，高汤、食盐、花生油各适量。

鱼圆汤

制作方法：

1. 净鱼肉剁成蓉；油菜心择洗干净，切成段；鸡蛋取蛋清打匀。

2. 鱼肉蓉中加入鸡蛋清、淀粉、葱末、姜汁、食盐打匀。

3. 锅内添入高汤，烹入料酒烧开，将调好的鱼肉蓉挤成数个丸子，下入锅中煮至八成熟，再加入油菜心煮熟，调入食盐、鸡汁、香油即可。

营养小支招：

鱼肉嫩而不腻，开胃滋补，营养全面，做成丸子并搭配蔬菜，平衡了营养，增加了孩子的进食兴趣。口味应做得清淡一点。

虾仁通心粉

制作方法：

1. 干香菇泡发，切成丁；胡萝卜、洋葱分别切成丁；鲜虾仁挑去泥肠，洗净。

2. 通心粉下入开水锅中煮透，捞起过凉开水后沥干。

3. 锅中放入花生油加热，将洋葱丁、胡萝卜丁、香菇丁炒香，加入虾仁炒匀，倒入高汤，用酱油、食盐调好味，再放入通心粉炒匀，至汤汁收浓时即成。

营养小支招：

通心粉搭配营养极为丰富的虾仁和蔬菜，味鲜美，易消化，营养全面，宜作为儿童的午餐或晚餐。

鲜蔬薯泥鱼球

材料:

鳕鱼肉 150 克,土豆 200 克,生菜 50 克,鸡蛋 1 个,奶油 10 克,食盐少许,花生油适量。

制作方法:

1. 将鳕鱼肉洗净沥干,以保鲜膜包起,放入微波炉内加热约半分钟,用刀背把鳕鱼肉拍碎。

2. 土豆去皮后洗净,切成块,煮或蒸熟,压磨成泥;生菜用开水烫一下,沥干水分后切碎;鸡蛋磕入碗中打匀。

3. 将拍碎的鳕鱼肉、土豆泥混合,加入食盐、鸡蛋液、奶油、生菜末充分搅拌均匀,做成若干鱼球。

4. 锅内放入花生油烧热,下入做好的土豆鱼球炸熟,控油后装盘。

营养小支招:

鳕鱼中含有球蛋白、白蛋白和人体生长发育必需的各种氨基酸、不饱和脂肪酸及钙、磷、铁、镁、锌等丰富的矿物质元素,口味鲜美,易消化吸收,与土豆、鸡蛋等组合,非常有助于提升幼儿的食欲、平衡营养,还能促进大脑健康发育,增进智力。

鲑鱼蔬菜炖饭

材料：

软米饭150克，西蓝花50克，洋葱粒30克，鲑鱼肉100克，牛奶、高汤、植物油各适量，食盐少许。

制作方法：

1. 将西蓝花泡洗干净，切成小朵；鲑鱼肉洗净，切碎备用。

2. 将放入植物油的锅加热，爆香洋葱粒，放入切碎的鲑鱼稍微拌炒一下，加入牛奶和高汤，再放入切好的西蓝花，用中小火炖煮至将熟，调入食盐，加入软米饭，继续炖至米饭入味、汤汁收浓即可。

营养小支招：

鲑鱼和牛奶都含有丰富的钙、磷及维生素 B_2，对幼儿骨骼和牙齿的健康非常重要。如果是给18个月前的宝宝食用，西蓝花应切得小一点，并多煮一会儿，或者先切碎再煮，以利于更好地咀嚼和消化。鱼肉是生长发育中不可缺少的营养食物，妈妈们应选用刺少的鱼（如鲑鱼、鳕鱼、黄鱼、胖头鱼等），取净鱼肉切碎后再烹调，慢慢让孩子适应并喜欢上吃鱼。

材料：鸡蛋2个，牛奶150毫升，苹果肉50克，白砂糖20克。

材料：烤（或炒）鳝鱼肉200克（切成小段），鸡蛋2个，高汤、食盐、酱油各少许，植物油适量。

牛奶水果荷包蛋

制作方法：

1. 将鸡蛋磕入沸水锅内煮熟，捞出盛碗。

2. 将苹果肉切成丁，与白砂糖、牛奶一同放入锅中煮开，倒入荷包蛋稍煮即可。

营养小支招：

此菜品果香、奶香浓郁，让人食欲大增，很适宜儿童食用。鸡蛋、牛奶含有几乎所有人体所需的营养物质，特别对大脑和神经系统发育有益；苹果可改善呼吸系统和肺功能，提神醒脑，帮助孩子保持良好的心情，还可促进排毒、健脑增智。

鳝鱼鸡蛋卷

制作方法：

1. 鸡蛋磕入碗，加高汤、食盐搅匀，将1/3的蛋液倒入刷了植物油烧热的平底锅内，摊成薄蛋饼，在蛋饼半熟时将适量鳝鱼肉均匀放在鸡蛋饼上，加入酱油，卷成卷。

2. 锅内再刷油，倒入等量蛋液摊好，铺上鳝鱼肉，再将刚才卷好的蛋卷作芯，按步骤1的顺序卷一遍，然后再将剩余蛋液摊饼再按上述做法卷一次。

3. 趁热将煎好的鳝鱼蛋卷整好形，切成小段即可。

营养小支招：

鳝鱼有补气养血、滋补肝肾的功效。它和鸡蛋都富含维生素A，对保护眼睛、消除眼疲劳、改善一些眼疾有益。

材料： 山药60克，鸡蛋1个，米汤（或牛奶）适量，白砂糖少许。

材料： 桂圆肉50克，小米100克，白砂糖少许。

山药蛋泥

制作方法：

1. 山药去皮，洗净后切成小块，与鸡蛋分别煮熟。

2. 山药块沥干后盛碗，压磨成细泥状。

3. 鸡蛋取鸡蛋黄压磨成泥，和山药泥混合，加入热米汤（或牛奶）、白砂糖拌匀即可。

营养小支招：

此菜品能健脾润肺、增智健脑，对免疫系统有很好的调节作用。鸡蛋黄富含卵磷脂和钙、磷、铁等矿物质、蛋白质及多种维生素，对大脑发育、智力发展极为有益；山药亦可润滑、滋润、益智、安神。

桂圆小米粥

制作方法：

1. 将小米淘洗干净；桂圆肉洗净备用。

2. 砂锅置上火，放入小米、桂圆肉，添加适量水，用大火煮沸后改用小火煮至粥熟。

3. 调入白砂糖稍煮即可。

营养小支招：

小米中的维生素 B_1、维生素 B_2 是大米的几倍，矿物质含量也高于大米，小米的蛋白质中含较多的色氨酸和蛋氨酸，有预防消化不良和滋阴养血的作用。常吃小米粥、小米饭有益于大脑的保健，对缓解压力大有裨益。桂圆肉具有养血安神、补血养心、安神益智之效，但桂圆不宜过量食用，否则容易引起气滞、腹胀、上火、食欲减退等症状。

材料：猪里脊肉末150克，圆椒、胡萝卜、洋葱各15克，香菇20克，鸡蛋1个，干淀粉、湿淀粉、番茄酱、酱油、食盐、色拉油各少许。

材料：猕猴桃1片，去皮香蕉半根，芒果1片，大米粥1小碗，白砂糖少许。

什锦鲜蔬炖小肉丸

制作方法：

1. 猪里脊肉末中加鸡蛋、干淀粉、食盐拌匀，做成若干指尖般大小的小肉丸，煮透后汤汁留用。

2. 洋葱、胡萝卜、圆椒、香菇分别切成粒。

3. 锅内烧热色拉油，放入切成碎粒的洋葱、胡萝卜、圆椒、香菇炒香，加入煮肉丸的汤煮开，调入番茄酱、酱油、食盐，下入小肉丸再煮片刻，用湿淀粉勾芡即可。

营养小支招：

多种蔬菜和肉丸搭配，营养、口味俱佳，能及时补充幼儿发育所需的各种营养。蔬菜搭配上还可用菠菜、豆苗、娃娃菜、白菜和其他菇类等。

多彩水果粥

制作方法：

1. 把材料中的全部水果切成丁，备用。

2. 将大米粥入锅煮开，加入所有的水果丁，拌匀，调入白砂糖即可。

营养小支招：

猕猴桃各类营养齐全，特别是维生素C含量非常高，还含有良好的可溶性膳食纤维，它和芒果都有保护脑神经、提高脑功能的作用。此粥有助于幼儿保持愉快的情绪，适应各种口味和平衡补充营养需求，还能防治便秘。水果可以用家里现成的代替，或根据季节和宝宝的口味灵活调换。在给孩子吃橘子、葡萄、猕猴桃等含酸较多的水果后，不宜马上再吃奶或其他乳品，以防影响营养的消化吸收。

材料：豆皮1张，绿豆芽50克，胡萝卜丝30克，圆白菜丝40克，豆腐干50克，食盐、香油、植物油各适量。

材料：牡蛎肉60克，鸡蛋2个，花生油适量，食盐、姜末、葱花、淀粉各少许。

蔬菜豆皮卷

制作方法：

1. 将豆皮切成丝；绿豆芽择洗干净。

2. 绿豆芽、胡萝卜丝、圆白菜丝、豆皮丝用开水烫透，一起装碗，加食盐和香油拌匀。

3. 将拌好的蔬菜豆皮摊放在豆皮上，卷成卷，下入烧热植物油的锅中，用小火煎至金黄后捞出，切成小段装盘。

营养小支招：

还可用高汤调些芡汁浇在豆皮卷上。豆皮凝结了黄豆的营养精华，含优质蛋白质和多种矿物质，尤其是可提供丰富的钙，所搭配的绿豆芽、豆腐干、圆白菜等也都富含钙。本菜营养全面，对促进儿童生长发育有益。

软炒蛎蛋

制作方法：

1. 将牡蛎肉洗净，用食盐、淀粉拌匀后略腌一下；鸡蛋磕入碗内搅散。

2. 锅中放入花生油烧热，倒入牡蛎肉，加姜末翻炒至八成熟，再倒入鸡蛋液快速炒熟，然后加入葱花和食盐即可。

营养小支招：

牡蛎所含的蛋白质中有多种优良的氨基酸，还富含各种微量元素和糖原，对生长发育、防贫血和增进智力都很有好处。用牡蛎和鸡蛋组合入菜，非常有利于消除脑疲劳，健脑益智。

材料：核桃仁50克，鸡肉丁100克，青豆15克，1个鸡蛋的蛋清，干淀粉、料酒、食盐、葱末、姜末、鲜汤、植物油各适量。

材料：意大利粉150克，净鲑鱼肉60克，蘑菇片20克，香菇片、洋葱丝、番茄丁各30克，酱油2小匙，奶油1大匙，食盐、姜丝、黄油、花生油各适量。

核桃仁爆鸡丁

制作方法：

1.用鸡蛋清、干淀粉、食盐调成糊，放入鸡肉丁拌匀。

2.锅内放入植物油烧至六成热，放入鸡肉丁拨散，待浮起时捞出，再倒入核桃仁略炸。

3.炒锅内留少许油烧热，加入葱末、姜末、青豆炒香，加料酒、食盐、鲜汤烧开，下入鸡肉丁、核桃仁炒匀即可。

营养小支招：

有益于健脑抗衰的核桃仁与可滋补养生、强健筋骨的鸡肉同入菜，有助于调节精神状态，促进思维敏捷。

五鲜意大利粉

制作方法：

1.鲑鱼肉中加姜丝、酱油腌渍入味，入烤箱烤熟后压碎；意大利粉煮熟，沥干水分。

2.炒锅中放花生油烧热，下洋葱丝、蘑菇片、香菇片炒香，加食盐、番茄丁、奶油、黄油同炒至熟。

3.将炒好的菜、鲑鱼肉末加入意大利粉中，拌匀即可。

营养小支招：

无刺、无腥味的鲑鱼肉很受孩子青睐，营养全面，加入配餐中能增强脑功能、促进视力发育。没有烤箱时可将鱼肉以少许油煎熟。

材料：香蕉1根，米汤（或苹果汁）少许。

材料：软米饭50克，排骨汤（或鱼汤、蔬菜汤）适量，熟蛋黄半个。

香蕉泥

制作方法：

1. 香蕉去皮，剥去白丝，把香蕉肉切成小块。

2. 把切好的香蕉块放入搅拌机中，加入米汤（或苹果汁），搅拌成香蕉泥，盛入小碗内即可。

营养小支招：

如果是加苹果汁，应是现煮（或榨）的。香蕉含有丰富的碳水化合物、蛋白质和钾、钙、磷、铁及维生素 A、维生素 B_1、维生素 C 等营养物质，有润肠通便、润肺止咳、健脑益智的作用。

蛋黄粥

制作方法：

1. 把刚煮好的热软米饭搓成糊状。

2. 除去排骨汤面上的浮油，隔去渣（如用鱼汤要特别小心，以防有刺），取净汤，放入小煲内，加入米饭糊拌匀，煮沸。

3. 改用慢火煮成烂软的稀糊状，下入搓成蓉的熟蛋黄搅匀即可。

营养小支招：

此粥富含优质蛋白质和卵磷脂，对婴儿的健康发育很有帮助。5～6个月大的婴儿，宜让他学习吞咽半流质或泥状的食物，知道奶以外的多种"味"，训练他接受各类食物的习惯。这时宝宝还不会吃得很多，故用此方法煮粥比较快捷方便。

扒香菇鹌鹑蛋

材料:

鹌鹑蛋150克,香菇块、胡萝卜片、菠菜段、高汤、花生油、湿淀粉、食盐、酱油各适量。

制作方法:

1. 鹌鹑蛋煮熟后去壳,加入酱油着色。

2. 菠菜段焯水后捞出,再放入开水锅煮片刻,滤干;胡萝卜片、香菇块分别焯水备用。

3. 炒锅烧热花生油,下入胡萝卜片、香菇块炒香,加入高汤、食盐,放入鹌鹑蛋、菠菜段,炒匀后稍煮片刻,用湿淀粉勾薄芡即可。

营养小支招:

此菜可帮助孩子补脑安神,养肝明目。鹌鹑蛋能补气血、益智力,其和胡萝卜都含较多维生素A,有利于护眼明目。

蒸八宝枣米糕

材料：

红枣100克，核桃仁、葡萄干、松子仁各30克，枸杞子、黑芝麻各15克，糙米、薏米各50克，白砂糖（或红糖）适量。

制作方法：

1.将红枣、枸杞子、葡萄干、黑芝麻、糙米、薏米分别泡洗干净，与核桃仁一起混合拌匀，加适量水拌匀后稍煮。

2.将拌好的材料放入圆碗中，放入沸水锅中蒸20分钟，放入松子仁、白砂糖，再焖10分钟后出锅，待稍凉后翻扣于盘中。

营养小支招：

红枣可补虚弱、抗过敏、安心神、益智健脑、防治贫血，其搭配几种营养全面、可健脑、明目的食物，更突出了补脑安神、补肝明目的作用。此米糕是调理孩子身体虚弱营养缺乏的佳品。

材料：玉米粒 60 克，鲜牛奶 200 毫升，燕麦 30 克，白砂糖适量。

材料：鸡蛋 1 个，香蕉半根，椰子汁、白砂糖各少许。

玉米牛奶麦片

制作方法：

1. 锅中注入清水，大火烧开后转小火，加入燕麦边煮边搅拌。

2. 煮开片刻再加入玉米粒煮 5 分钟，倒入鲜牛奶，再次煮开。

3. 盛入碗中，加白砂糖调匀即可。

营养小支招：

玉米香味颇浓，口感细滑。玉米和燕麦都是粗粮中的保健佳品，能增强人体新陈代谢，有调整神经系统的功能，常食对身体健康颇为有利。

香蕉蒸蛋

制作方法：

1. 香蕉去皮，将果肉压磨成细泥；鸡蛋磕入碗中打匀。

2. 将香蕉泥放入鸡蛋液中，加入椰子汁、白砂糖搅匀。

3. 蒸锅内烧开水，放入调好的香蕉蛋糊蒸熟即可。

营养小支招：

鸡蛋最突出的特点是含有自然界中最优良的蛋白质、卵磷脂、DHA 等，对神经的发育有重要作用，可增长智力、改善记忆力。香蕉易咀嚼、好消化，可使人皮肤柔嫩、眼睛明亮、精力充沛。二者组合加入可生津止渴、强心利尿的椰子汁，对宝宝的健康和智力发展很有利。

材料：鸡蛋1个，牛奶150毫升，白砂糖10克。

材料：嫩玉米粒100克，鸡胸肉60克，鸡蛋1个，鸡汤、湿淀粉、葱末、食盐、火腿末、植物油各少许。

牛奶蛋

制作方法：

1. 将鸡蛋的蛋清与蛋黄分开，把鸡蛋清打至起泡待用。

2. 锅内加入牛奶、鸡蛋黄和白砂糖，混合均匀，用微火稍煮一会儿。

3. 再用勺子把调好的鸡蛋清一勺一勺地舀入牛奶蛋黄内，煮熟即成。

营养小支招：

牛奶含脂肪、热量与母乳相近，而蛋白质、钙都高于母乳；鸡蛋几乎含有人体所需要的所有营养物质，但含钙却不如牛奶。奶蛋搭配，营养互补，有助于大脑、骨骼的发育。

玉米鸡蓉

制作方法：

1. 鸡胸肉洗净，剁成蓉，盛碗，加入鸡蛋、葱末、食盐、湿淀粉拌匀；嫩玉米粒加少许水磨碎，倒入鸡蓉拌匀。

2. 锅中烧热植物油，倒入调好的玉米鸡蓉，用勺轻轻推匀，加入鸡汤煮成羹，撒上火腿末再稍煮即成。

营养小支招：

常食玉米对促进身体健康颇有益。玉米的蛋白质和脂肪含量比米、面高，还富含淀粉、卵磷脂、膳食纤维和镁、硒等微量元素。给幼儿常食玉米，有助脑细胞代谢，调节神经系统，还能健脑益智、促进消化。

材料：豆腐1块，奶酪2片，番茄60克，食盐、植物油各少许。

材料：鸡蛋4个，番茄、丝瓜各100克，火腿丁、蘑菇丁、熟鸡肉丁各50克，冬笋丁、鲜豌豆各25克，葱花、食盐、淀粉各少许，植物油、鸡汤各适量。

番茄奶酪豆腐

制作方法：

1. 豆腐洗净沥干，用纸巾吸除豆腐多余的水分，切成片，表面撒上少许食盐，备用；番茄用水烫一下，切成丁。

2. 平底锅内放入植物油烧热，放入豆腐片，用小火煎至两面金黄。

3. 铺上奶酪片，盖上锅盖焖至奶酪化开，加入番茄丁，再焖约1分钟即可。

营养小支招：

奶酪保留了牛奶中营养价值极高的精华部分，是最好的补钙食品，有助于防止龋齿，并能大大增加牙齿表层的含钙量，从而可抑制龋齿发生，还能增进身体抗疾病能力和增强活力，保护眼睛健康，健美肌肤。奶酪和富含植物蛋白和钙的豆腐组合，可促进宝宝骨骼的生长和神经系统的发育。

什锦烩蛋丁

制作方法：

1. 将鸡蛋的蛋白、蛋黄分别打入两个碗中打散，加淀粉和食盐搅匀，分别倒入抹了植物油的盘内，蒸熟凉凉后切成丁。

2. 丝瓜刮去皮洗净，番茄用开水烫一下，去皮，二者均切成丁。

3. 炒锅中下植物油烧热，下入鲜豌豆、火腿丁、冬笋丁、熟鸡肉丁、蘑菇丁、丝瓜丁、番茄丁炒匀，再加入食盐、鸡汤、蛋白丁、蛋黄丁、葱花，炒匀即可。

营养小支招：

吃番茄能补充全面的维生素和番茄红素；丝瓜可解毒通便、润肌美容；鸡蛋中丰富的卵磷脂和DHA对人体发育和神经系统有很好的促进作用。

材料：苦瓜 400 克，鸡肉粒 150 克，火腿粒 100 克，荸荠粒 50 克，鸡蛋 2 个，生菜丝 150 克，豆粉、食盐、白砂糖、香油、醋、椒盐、植物油各适量。

材料：西蓝花 200 克，鲜牛奶 60 克，奶酪 30 克，鸡蛋 1 个，白砂糖、食盐、干淀粉、湿淀粉、黄油、色拉油各少许。

煎苦瓜鸡粒饼

制作方法：

1. 将苦瓜去瓤，切成粒；生菜丝放入醋、白砂糖拌成糖醋味。

2. 将苦瓜粒、鸡肉粒、火腿粒、荸荠粒入碗，加鸡蛋、豆粉、白砂糖、香油、醋、食盐拌匀，做成若干小饼。

3. 锅中烧热植物油，将苦瓜饼入锅煎热，镶上生菜丝，煎至熟透后盛盘，撒上一点椒盐即可。

营养小支招：

苦瓜的苦味能刺激人的味觉，帮助消化。此饼营养成分全面，有利目养肝、清心明目、健身强体、解除劳乏的作用。

奶黄西蓝花

制作方法：

1. 将西蓝花洗净，切成小朵，入沸水锅中煮熟后装盘，撒上少许食盐。

2. 将一半鲜牛奶和鸡蛋、奶酪、黄油、白砂糖、干淀粉混合，搅拌均匀，入锅蒸熟，铺放在西蓝花上。

3. 锅中下少许色拉油，加入剩余的牛奶烧开，用湿淀粉勾芡，淋在西蓝花上即可。

营养小支招：

常吃西蓝花能提高免疫力，其含钙量也多，再配上含钙丰富的奶酪、牛奶，可成为儿童补钙的理想餐。本菜使用的奶酪应选用儿童专用的奶酪。由于奶酪中含盐分，故加盐要减量。

材料：细面条 50 克，豆皮 20 克，鹌鹑蛋 2 个，海带芽适量，鲜鱼高汤 150 毫升。

材料：鸡胸肉 400 克，豆豉酱 15 克，葱、蒜、姜、食用油、酱油、香油、食盐、淀粉各适量。

三鲜面

制作方法：

1. 豆皮切成碎丁；细面条剪成小段；鹌鹑蛋煮熟，去壳切成粒。

2. 鲜鱼高汤入锅煮沸，下入细面条段煮至将熟时，再加入豆皮丁、海带芽、鹌鹑蛋粒一起煮至熟透即可。

营养小支招：

海带芽不仅是"含碘冠军"，还是补铁、补钙的极佳食物，加上鹌鹑蛋、豆皮中也含有较多的铁，使此面可为宝宝提供全面的营养，尤其是丰富的铁、钙及蛋白质，可作为 11 个月以上婴儿的主食。根据宝宝的口味和实际情况，可调入少许食盐、鸡精。

豆豉鸡丁

制作方法：

1. 鸡胸肉去除筋，切成丁，放入葱花、姜末、1 小勺酱油、1 小勺香油、1 小勺淀粉腌渍十余分钟，再用淀粉拌匀。

2. 锅热后放入油，放入葱、姜、蒜，爆香后放入豆豉酱，以中火爆香，再倒入鸡丁炒至表面泛白后，最后放入葱、蒜，出锅前调入适量的盐就可以了。

营养小支招：

鸡肉肉质细嫩，滋味鲜美，并富有营养，有滋补养身的作用。鸡肉中蛋白质的含量比例很高，而且消化率高，很容易被人体吸收利用，有增强体力、强壮身体的作用。加上豆豉，鲜美可口，咸淡适中，具豆豉独特的香味。

材料：嫩玉米粒 200 克，火腿丁、鸡肉丁、圆椒丁各 30 克，鸡蛋清、食盐、湿淀粉各少许，花生油适量。

材料：鲜豌豆 60 克，熟核桃仁 50 克，葡萄干 10 克，白砂糖、米糊各适量。

三丁炒玉米

制作方法：

1. 鸡肉丁入碗，加入鸡蛋清、湿淀粉拌匀。

2. 炒锅放入花生油烧热，下入鸡肉丁过油后捞出，再放入嫩玉米粒过一下油，捞出沥油。

3. 炒锅留底油，下火腿丁、圆椒丁炒匀，再放入嫩玉米粒、鸡肉丁炒熟，调入食盐炒匀装盘。

营养小支招：

玉米含有丰富的营养，尤其是纤维素含量高，可益肺宁心、健脾开胃、防治便秘，适当食用能调节孩子神经系统功能，还有一定健脑作用。

核桃豌豆糊

制作方法：

1. 鲜豌豆洗净，放入开水锅中煮至熟软，研磨成泥状；熟核桃仁用开水泡一下，去膜。

2. 煮豌豆的水中加白砂糖烧开，放入米糊和鲜豌豆泥搅匀，煮至起黏时加入熟核桃仁、葡萄干，再稍煮即可。

营养小支招：

吃核桃仁能滋养脑细胞，增强脑功能；豌豆有助于提高儿童的抗病能力，清洁肠胃。此汤香甜可口，特别是能润肠，有助于防治和改善孩子便秘，还有健脑作用。

碧波豆腐饼

材料：

油菜心 200 克，豆腐 200 克，瘦肉末 60 克，香菇、水发黄花菜各 30 克，花生油 15 毫升，姜末、葱末、香油、食盐各少许。

制作方法：

1. 将油菜心洗净，取中间最嫩的菜心备用；香菇切成末；发好的黄花菜切成末。

2. 豆腐焯水后用刀背压成泥状，加入瘦肉末、香菇末、黄花菜末、食盐、香油拌匀，制成饼状，放入抹了一层花生油的盘中，上笼蒸 10 分钟至熟。

3. 炒锅内放入花生油烧热，放入葱末、姜末煸香，下入油菜心，加少许食盐炒熟，将油菜心装盘垫底，上面放上蒸好的豆腐饼即可。

营养小支招：

油菜含钙量在绿叶蔬菜中最高，还含有丰富的维生素，有助于幼儿增强免疫力，维持骨骼的健康发育。豆腐健脑，可促进大脑发育。但小儿消化不良者和易腹泻者不宜吃豆腐。

双色炒鸡片

材料：

鸡肉100克，鸡蛋2个，荸荠50克，花生油15毫升，食盐、白砂糖、番茄汁、湿淀粉各少许。

制作方法：

1. 将鸡肉切成薄片，加湿淀粉拌匀；鸡蛋磕入碗内，加少许食盐打散；荸荠去皮，洗净后切成片。
2. 锅内放入花生油烧热，倒入鸡蛋炒至凝固、呈金黄色时出锅。
3. 原锅再放花生油，把鸡肉片、荸荠片炒至九成熟，加入番茄汁、食盐、白砂糖，倒入鸡蛋，炒匀即可。

营养小支招：

鸡蛋突出的特点是富含优良的蛋白质、卵磷脂和DHA（俗称"脑黄金"）等，对神经系统健康有重要作用，可促进幼儿大脑发育和智力的增长，有助于改善各年龄段孩子的记忆力。鸡蛋搭配鸡肉、荸荠，营养互补且易消化，滋补养身，还对改善营养不良和提高抗病能力有益。

材料：鱼肉片150克,软米饭200克,青菜、食盐、料酒、淀粉、高汤、植物油各适量。

材料：草鱼肉500克,甜红椒丝、甜青椒丝各30克,1个鸡蛋的蛋清,淀粉15克,葱段5克,食盐、色拉油各适量。

鱼片饭

制作方法：

1. 鱼肉片加料酒、食盐拌匀,腌渍片刻;青菜择洗后切成小块。

2. 把鱼肉片沾上淀粉,下入热植物油锅中炸至金黄时捞出沥油。

3. 高汤入锅煮开,加入食盐和炸好的鱼肉片烧开,下入青菜块续煮片刻。

4. 米饭装碗,捞出鱼片青菜放在饭上,再淋上高汤即可。

营养小支招：

作为儿童的午餐特别合适。要选用刺少肉多且易消化的鱼,青菜一定要选用新鲜的时令鲜蔬,白菜、生菜、小白菜等都是不错的选择。

可口甜椒鱼条

制作方法：

1. 草鱼肉去净刺洗净,切成细条,加食盐腌渍10分钟,用淀粉、鸡蛋清拌匀上浆。

2. 炒锅内放入色拉油烧至四成热,下入鱼条滑约半分钟后捞出。

3. 锅内留底油,放入甜红椒丝、甜青椒丝、葱段用大火炒香,加入鱼条炒匀即可。

营养小支招：

还可用其他鱼肉,各种鲜嫩的鱼肉都富含优质蛋白质和各种矿物质元素,易消化,能滋补开胃,养血安神。

材料： 净虾仁 200 克，香菇丁 50 克，黄瓜丁 100 克，小番茄丁 50 克，1 个鸡蛋的蛋清，植物油适量，食盐、胡椒粉、料酒、鲜汤各少许，淀粉 20 克。

材料： 毛豆 50 克，胡萝卜丝、莴笋丝、方火腿、水发黑木耳各 30 克，鸡蛋 3 个，食盐、胡椒粉、花生油各适量。

三丁烩虾仁

制作方法：

1. 净虾仁切成丁，加食盐、料酒、鸡蛋清和淀粉拌匀，放入烧热植物油的锅中滑至断生备用。

2. 锅内留少许油，下香菇丁、黄瓜丁炒匀，加入鲜汤、食盐、胡椒粉和虾仁丁烩至入味，再加入小番茄丁炒匀即可。

营养小支招：

食物搭配丰富，营养全面，及时补充身体发育的需要。

毛豆五鲜蛋饼

制作方法：

1. 毛豆下入开水锅中煮熟，去外膜取毛豆仁待用；水发黑木耳、方火腿均切成细丝。

2. 胡萝卜丝、莴笋丝、黑木耳丝放入开水中焯透后捞出，沥干水分。

3. 鸡蛋磕入碗中打散，加入毛豆仁、胡萝卜丝、黑木耳丝、莴笋丝、方火腿丝、食盐、胡椒粉拌匀。

4. 锅中下花生油烧热，倒入调好的鸡蛋糊摊成圆饼状，文火煎至成熟盛出，切块装盘。

营养小支招：

毛豆富含食物纤维、卵磷脂，有助于防治孩子便秘，改善大脑功能；其富含的铁易于吸收，可作为儿童补铁的常用食物。

材料：猪肉末200克，米饭100克，鸡蛋2个，卷心菜叶5片，黄芪10克，红枣、食盐、香油各少许。

材料：油面200克，叉烧肉片30克，鲜虾仁5只，水发木耳、鲍菇片、香菇片、荷兰豆、黄瓜片各20克，姜片、香醋、酱油、食盐、香油、清汤各适量。

枣氏饭肉菜卷

制作方法：

1. 卷心菜叶洗净，用沸水烫软；鸡蛋加少许食盐打匀，用平底锅加少许香油摊成薄蛋饼，切成条形块。

2. 猪肉末、米饭和切好的鸡蛋饼混合，加食盐、香油拌成馅。

3. 卷心菜叶铺平，放入饭肉馅后卷成卷，装盘，加入黄芪、红枣，放入蒸锅中以大火蒸软，再转中火蒸熟即可。

营养小支招：

此饭肉菜卷可作主食，营养全面，算是主食品种的一个巧妙变化，有助于改善缺铁性贫血，对儿童大脑神经和骨骼全面发育及智力的发展有益。加红枣、黄芪是为了增加对身体虚弱的孩子的滋补，亦可不加。

什锦拌面

制作方法：

1. 鲜虾仁去泥肠，洗净；荷兰豆择洗后切成段；木耳切小片。

2. 油面下入开水锅中焯透，捞起备用。

3. 清汤入锅煮开，加姜片、木耳片、鲍菇片、香菇片煮开，放入虾仁、荷兰豆段、油面煮滚，盛出，加入黄瓜片、香醋、酱油、食盐、香油，拌匀即可。

营养小支招：

宝宝午餐适当多吃面条较好，面食消化吸收较慢，能较长时间维持血糖水平，及时、充分提供葡萄糖，使儿童保持思维敏捷。

材料： 猪五花肉 300 克，糯米 60 克，荸荠末 100 克，上海青 100 克，姜末 15 克，食盐、鸡汁、香油、植物油、高汤各适量。

材料： 胡萝卜丝 250 克，面包 100 克，鸡蛋 2 个，白砂糖、植物油、面包糠各少许。

珍珠荸荠肉丸

制作方法：

1. 将糯米淘洗干净，用温水浸泡 3 个小时；上海青洗净，入锅用高汤煮熟。

2. 将猪五花肉剁成泥，加入姜末、食盐、鸡汁、香油拌匀，再放入荸荠末搅匀，挤成若干肉丸。

3. 将肉丸裹匀糯米，装盘，淋上少许高汤、植物油，放入蒸锅蒸熟，再围上上海青即可。

营养小支招：

糯米富含蛋白质、脂肪、碳水化合物、钙、磷、铁、维生素 B$_1$、维生素 B$_2$、烟酸等多种营养素，有补中益气、健脾养胃、止虚汗的功效，对食欲不佳、腹胀腹泻有缓解作用。

煎胡萝卜丝饼

制作方法：

1. 将鸡蛋打入碗内拌匀待用；面包捏碎待用。

2. 把白砂糖、面包碎放入容器中拌匀，再加入胡萝卜丝、鸡蛋液和少许水混合搅匀，做成数个小饼，表面再沾上面包糠。

3. 平底锅中倒入植物油烧热，放入胡萝卜饼煎熟即可。

营养小支招：

胡萝卜中丰富的胡萝卜素可在人体内转化为维生素 A，有利于保持视力正常，防治夜盲症和干眼症。给儿童吃胡萝卜有助于护肝明目，对促进其生长发育和增强免疫力有重要意义。

材料：嫩牛扒肉150克，米饭250克，洋葱片50克，葱段、食盐、酱油、胡椒粉、奶油各少许，花生油适量。

材料：细面条100克，净虾仁8只，小番茄6个，鲜汤、蒜蓉、酱油、食盐、植物油各适量。

牛扒洋葱饭

制作方法：

1. 嫩牛扒肉洗净，切成大片，撒上食盐和胡椒粉，腌渍片刻。

2. 锅内烧热花生油，放入牛扒煎熟，出锅切成小片。

3. 洋葱片用适量热花生油炒香，倒入米饭，加奶油、酱油、食盐炒香，再加入牛扒片、葱段炒匀即可。

营养小支招：

洋葱能杀菌抗流感、增进食欲、促进消化，搭配牛肉和奶油入饭，颇有西式风味，营养全面，适宜作午餐给孩子食用。有皮肤瘙痒性疾病和眼疾的孩子暂时不宜吃洋葱。

虾仁炒面

制作方法：

1. 细面条下入开水锅中煮熟，捞出用凉开水过凉，控干水分；小番茄洗净，每个对切两半。

2. 炒锅中放入植物油烧热，下入净虾仁炒香，放入小番茄块和鲜汤、酱油，倒入细面条拌炒均匀，至汤汁快收干时，放入蒜蓉、食盐炒匀即可。

营养小支招：

人体缺乏维生素 B_{12} 和锌会影响味觉，引起食欲不振、消化不良。面条等小麦类食物中富含维生素 B_{12} 和锌，再加上营养全面的虾仁、圣女果，可让孩子食欲大增，对促进智力增长和全面发育也大有益处。

材料：大米 100 克，红枣 5 枚，核桃仁 60 克。

材料：面粉 200 克，鸡蛋 1 个，咸鸭蛋 1 个，火腿末、香菇末、芹菜末各 40 克，猪瘦肉 150 克，净虾仁、去皮荸荠各 60 克，青椒末、鸡汁、食盐、胡椒粉、花生油各少许。

枣桃粥

制作方法：

1. 核桃仁捣碎或切成小丁块；红枣去核洗净；大米淘洗干净。

2. 粥锅烧适量开水，下入大米煮粥，待锅开后加入红枣、核桃仁块，转小火煮至粥熟即可。

营养小支招：

大米富含维生素 B_1 和锌，为温补强壮食品，对食欲不佳、腹胀腹泻有一定的缓解作用。米粥可补脾、和胃、清肺、益气、润燥，能促进胃液分泌，帮助消化，加入枣和核桃，还有助于宁心安神、健脑益智。

八鲜蒸饺

制作方法：

1. 咸鸭蛋煮熟后取蛋黄切碎；猪瘦肉、虾仁、荸荠一起剁碎，加鸡汁、食盐、胡椒粉、花生油拌匀，再加入火腿末、香菇末、芹菜末、咸鸭蛋黄末、青椒末拌匀成馅。

2. 面粉中打入鸡蛋，加入适量水和好，下剂子后擀成若干饺子皮。

3. 取拌好的八鲜馅放入饺子皮中包成饺子，放入抹了一层油的蒸笼中蒸熟即可。

营养小支招：

以多类蔬菜、肉类制成饺子馅，可强筋骨、健脑力、增食欲，对儿童营养全面和为大脑及时补充葡萄糖有益。

鲜虾皮蛋瘦肉粥

材料:

猪肉丝50克, 皮蛋1个,
虾仁6只, 花生仁30克,
大米150克, 葱花、香菜、
食盐、料酒、淀粉、高汤各
适量。

制作方法:

1. 皮蛋去壳, 切成小块; 虾仁去沙线洗净后切成丁; 花生仁、大米分别洗净, 用清水浸泡一下;
猪肉丝加食盐、料酒、淀粉拌匀。

2. 高汤烧沸, 放入大米稍煮片刻, 加入猪肉丝、花生仁、一半皮蛋块以文火续煮20分钟, 加入
虾仁丁、食盐煮至粥黏米烂, 再放入葱花、香菜和另一半皮蛋块稍煮即可。

营养小支招:

皮蛋的氨基酸种类、含量比鲜鸭蛋高很多, 能开胃增食欲, 温补健身, 养心养神, 保护大脑功能。
猪肉强身养血, 虾仁营养易消化, 对调理虚弱很有益。此粥加入多类食材, 营养极为全面, 有助
于保持良好的身体和精神状态, 增强免疫功能。

七彩丰
收饭

材料：

米饭250克，玉米粒、猴
头菇丁、贡菜丁、熟肉丁、
熟虾仁丁、菜椒丁各30克，
炒松子仁20克，料酒、肉汤、
食盐、鸡精、葱末、姜末、
植物油各适量。

制作方法：

1. 炒锅烧热植物油，炝香葱末、姜末，加入料酒、肉汤、玉米粒、熟肉丁、猴头菇丁、鸡精炒匀。

2. 下入贡菜丁、菜椒丁、熟虾仁丁炒匀，再加入炒松子仁、食盐炒散，放入米饭炒透即可。

营养小支招：

7种荤素食材搭配米饭，味道鲜美、营养全面，尤其是能防便秘，补脑力，养脾胃，是良好的主
食品种。3岁后的孩子保持体内的葡萄糖水平十分重要，要注意从膳食中摄取，可多吃一些富含
淀粉的主食。

材料：豆腐块500克，猪肉末200克，金针菇100克，红椒粒15克，蒜末10克，上汤、食盐、白砂糖、蚝油、酱油、植物油各适量。

材料：豆腐200克，鸡肉粒、虾仁、玉米粒、胡萝卜粒、豌豆、香菇粒各30克，湿淀粉、植物油、高汤、食盐、葱花各适量。

煎酿豆腐

制作方法：

1. 豆腐块中间挖空，酿入用少许食盐调味的猪肉末；金针菇择洗干净，入沸水锅内焯熟后盛入盘中。

2. 锅内倒入植物油烧热，放入酿豆腐慢火煎香后盛出。

3. 原锅留底油，爆香蒜末、红椒粒，添入上汤，调入酱油、白砂糖、食盐、蚝油，倒入酿豆腐烧至入味，盛入装金针菇的盘内即可。

营养小支招：

吃豆腐比摄入动物性食品或鸡蛋来补益健脑更有优势，成菜诱人食欲，对补养强身、健脑增智很有益。

八珍豆腐

制作方法：

1. 豆腐汆水后切成小方块；虾仁、玉米粒、豌豆洗净。

2. 锅中放植物油烧热，放入鸡肉粒、香菇粒、胡萝卜粒、玉米粒、豌豆快炒，七成熟时起锅。

3. 锅中再放植物油烧热，放豆腐块煎至微黄，加入虾仁和步骤2中炒好的菜，加入高汤，焖5分钟，放食盐调好味，用湿淀粉勾芡，再撒上葱花即可。

营养小支招：

豆腐富含大豆卵磷脂，有益于神经、血管、大脑的生长发育，所含的豆固醇还可抑制胆固醇的摄入。这道菜搭配适宜，可以提高豆腐中蛋白质的营养利用率。

材料：鸡腿2只，净金针菇60克，毛豆仁30克，甜椒条15克，蒜瓣、胡椒粉、生抽、食盐、湿淀粉、香油、花生油各适量。

材料：鸡肉丁100克，豌豆、胡萝卜丁、嫩玉米粒各30克，黄瓜丁、香菇丁各50克，花生油适量，食盐、葱末、姜末各少许。

口水鸡腿

制作方法：

1. 鸡腿洗净沥干，斜切几道小口，用食盐、生抽抹匀，再用湿淀粉裹匀。

2. 锅内下花生油烧热，放入鸡腿煎至香酥备用。

3. 原锅留底油，炒香甜椒条、蒜瓣，再加入金针菇、毛豆仁炒匀，下入鸡腿炒片刻，加少许水，调入食盐、胡椒粉烧至入味，淋上香油即可。

营养小支招：

鸡腿含有大量可强健血管及皮肤的胶原及弹性蛋白等，对血管、皮肤及内脏颇为补益，与金针菇同入菜，能增强体力，补益大脑，特别适宜营养不良的孩子。

什锦炒鸡丁

制作方法：

1. 豌豆、嫩玉米粒分别洗净，焯水后沥干。

2. 炒锅中烧热花生油，下姜末、葱末、鸡肉丁炒匀备用。

3. 锅内再放花生油烧热，下胡萝卜丁、香菇丁炒匀，加入豌豆、嫩玉米粒、黄瓜丁旺火快炒，加入鸡肉丁炒熟，调入食盐即可。

营养小支招：

鸡肉滋补强健，温中益气，对改善营养不良、贫血虚弱有作用。鸡肉与多类蔬菜组合，能强筋骨、健脑力，对全面提升孩子的免疫力有帮助。

蒸牛肉豆腐丸

材料：

豆腐2块，牛肉末200克，油菜150克，葱花、姜末、高汤、食盐、干淀粉、湿淀粉、米酒、酱油、鸡蛋清、植物油各适量。

制作方法：

1. 豆腐洗净，切成方块，中间挖空；锅中倒入高汤，加食盐烧开，用湿淀粉勾芡烧成料汁；油菜择洗后取嫩叶炒熟摆盘。

2. 牛肉末中加入姜末、鸡蛋清、米酒、酱油、食盐、植物油、干淀粉拌匀，捏成丸子，分别镶入豆腐中，装盘。

3. 把牛肉丸豆腐放入蒸锅蒸熟排放在油菜叶上，撒上葱花，浇上料汁即可。

营养小支招：

牛肉高蛋白、低脂肪，富含多种氨基酸，有益于提高身体的抗病能力，对身体调养、补充失血、修复组织等方面特别适宜。其和豆腐搭配，还有很好的补脑健脑的作用。